[哈佛智慧·点亮一生]

走进百年名校哈佛，品味成功者的故事，开启智慧之门，一切尽在

哈佛人生智慧

阅读源自百年名校的权威案例　精英养成必读

穆臣刚 ◎ 著

HARVARD

| 案例实用版 |

中国法制出版社
CHINA LEGAL PUBLISHING HOUSE

前　言

如何才能具备成功者的素质？怎样引领孩子们走向成功？我们自然要从那些成功者身上找寻答案。

富兰克林·罗斯福、约翰·肯尼迪、乔治·W.布什、贝拉克·奥巴马、比尔·盖茨、马克·扎克伯格……他们都是闻名世界的成功人士。同时，他们还有一个共同的特征，都曾就读于世界顶尖学府——美国哈佛大学。

毕业于哈佛大学的罗斯福一直竭力反对孩子过分依赖父母。他从不给儿子们任何资助，让他们凭着自己的能力去开辟事业，赚他们该赚的钱。在钱财的支配上，他对孩子绝不放任自流。儿子在一次旅行中买了匹好马，却没有了回程的路费，便打电话要求父亲帮助。罗斯福回答说："你和你的马游泳回来吧！"儿子只能卖掉马，买票回家，从此他懂得了不能无计划用钱的道理。

再来看看哈佛高才生肯尼迪的教子理念：

1. 亲手制作育儿日记与孩子的读书记录；

2. 帮助孩子培养遵守时间的好习惯；

3. 经常向孩子讲述自己工作中发生的故事；

4. 吃饭时要形成一种自然和谐的讨论氛围；

5. 教授孩子"取得好成绩的人不会轻易被人无视"的道理；

6. 当孩子遇到困难时，要站在孩子的角度上帮助他们解决问题；

7. 让孩子明白，起初的笨拙与不适应将会通过反复努力而熟能生巧；

8. 告诉孩子要树立远大的目标，但切勿急躁，必须循序渐进才能取得成功的道理；

9. 亲子之间、兄弟姐妹之间要形成一种和睦相处、互相帮助的良好家庭氛围。

例如，奥巴马夫妇总是努力融入女儿的生活。无论是萨沙的舞会还是玛利亚的篮球赛，他们都尽量参加。夫人米歇尔的每日安排都有"玩耍"这一项。她喜欢了解女儿在学校的表现，并与老师保持联络。最令奥巴马自豪的是，即使在长达21个月的总统竞选期间，他也亲自出席两个女儿的家长会。如果出差在外，他每晚都给女儿打电话，让她们知道父母从没有将她们遗忘。

一些成功人士对于子女的教育方式来自他们曾经就读的哈佛大学。如果对哈佛大学的历史有所了解，你便会发现，曾经有众多美国总统、诺贝尔奖获得者和商业领袖在此就读。哈佛之所以在世界享有盛誉，正是因为在这里有顶尖的教育专家，他们能用正确的训导方式帮助年轻人设立自己的奋斗方向和目标。

哈佛大学第23任校长科南特在总结哈佛大学的办学方针时说:"大学的荣誉,不在它的校舍和人数,而在于其中一代又一代人的质量。"哈佛大学不仅注重学生智慧的开发,而且重视培养和提高学生的情商。学生的参与、探索、创新、竞争与领导能力都能得到发展,因此,在增长知识的同时,他们服务社会的能力也得到提高。

在哈佛大学,孩子们能够充分体会到真、善、美的含义,能够主动完善自己最基本、最重要的素质。为此,我们特意借鉴了哈佛大学的教育理念和方法,搜集了世界顶尖成功人士的人生训导,总结其中的人生智慧,为培养出优秀的、成功的年轻人提供一份帮助。

目录 CONTENTS

Lesson 1
心态决定状态，状态引导人生

1. 完美的人生只是幻想 / 002
2. 人生不是赛跑，而是旅行 / 004
3. 激发心中的热情 / 006
4. 将别人的批评看成称赞 / 008
5. 面对苦难，也要展现笑容 / 011
6. 坦然接受世界的不公平 / 014
7. 学会在平凡中寻找精彩 / 016

Lesson 2
好习惯让人成天使，坏习惯把人变魔鬼

1. 猜疑的习惯害人害己 / 022
2. 永远不要停止学习 / 024
3. 勤奋成就美好人生 / 025
4. 大处着眼，小处着手 / 028
5. 逃避是最愚蠢的自保 / 030
6. 从观念中删除"我做不到" / 033
7. 培养不抛弃、不放弃的好习惯 / 036

Lesson 3 身边的朋友，是无形的财富

1. 同理心是最亲密的心灵对话 / 040
2. 主动结识朋友 / 042
3. 学会互惠，才能双赢 / 044
4. 不要忽视身边的小人物 / 046
5. 了解他人，赢得好感与信赖 / 048
6. 看破不说破，给人留面子 / 051
7. 信守承诺，树立高大形象 / 054
8. 珍惜每一个帮助别人的机会 / 056

Lesson 4 时间是最宝贵的财富

1. 明确每日对待时间的态度 / 060
2. 专注于有效的工作 / 062
3. 消灭"拖延"这个时间窃贼 / 065
4. 精确地计算时间，合理地统筹时间 / 068
5. 要像钟表一样准时 / 070
6. 不要让自己成为不停旋转的陀螺 / 072
7. 会休息的人才能更好地工作 / 075

Lesson 5
成功需要用心设计

1. 成功是一步步走出来的 / 080
2. 明确目标，矢志不移 / 082
3. 不为失败找借口，只为成功找方法 / 085
4. 告别优柔寡断，养成魄力 / 087
5. 找到适合自己的那条路 / 090
6. 没有不用心就能做成的事情 / 093
7. 自信是一切成功的起点 / 096
8. 善于抓住机会并创造机会 / 099

Lesson 6
"人"字很好写，做人不简单

1. 勇于承担责任 / 104
2. 宽以待人 / 106
3. 学会赞美，让你更受欢迎 / 108
4. 批评如刀，恶语如剑 / 111
5. 会吃亏是睿智，能吃亏是境界 / 112
6. 做人须带一份憨、一份痴 / 115
7. 小处让人，才能大处得人 / 116
8. 妥协也是一种智慧 / 119

Lesson 7　思考的深度决定前进的广度

1. 居安时要懂得思危 / 124
2. 人生最困难的事莫过于抉择 / 126
3. 有正确的预见等于成功了一半 / 129
4. 反思让自己更成熟 / 132
5. 思想有多远，就能走多远 / 134
6. 转变思路，问题迎刃而解 / 136
7. 光想不做只能生产思想垃圾 / 139
8. 听大多数人的意见，自己做决定 / 142

Lesson 8　看清自己，才能看清这个世界

1. 了解自我优势，规避自我缺陷 / 146
2. 走出智商局限，让情商改变生活 / 148
3. 内心强大，才是真正的强大 / 151
4. 用积极的心理暗示善待自己 / 153
5. 收起自己过度的敏感 / 156
6. 抛开羞怯，勇敢走向阳光 / 158
7. 充实自己的心灵花园 / 161
8. 别把自己太当回事 / 163

Lesson 9
掌控情绪，做思想的主人

1. 不要成为情绪的奴隶 / 168
2. 要发怒时，强迫自己忍几分钟 / 170
3. 走出焦虑，学会自我沉淀 / 173
4. 避免那些无谓的冲突 / 176
5. 担心的事有 99% 不会发生 / 179
6. 与其后悔，不如着手弥补 / 181
7. 抱怨只会让生活更加糟糕 / 184
8. 摆脱厌倦，释放激情 / 186
9. 恐惧只能征服弱者 / 189

Lesson 10
幸福还是不幸，要看你的悟性

1. 拥有幸福感，才能乐享人生 / 194
2. 感恩别人，幸福的是你自己 / 196
3. 不要总羡慕别人，做好你自己 / 198
4. 理想不丰满，幸福便骨感 / 201
5. 期望值太高，不容易收获幸福 / 204
6. 理解幸福，才能邂逅幸福 / 206
7. 解开仇恨的死结，为灵魂松绑 / 208
8. 快乐之林越分享越茂盛 / 210

LESSON 1

心态决定状态，状态引导人生

我们常常戴着有色眼镜去观察周围的人和事物，这时，我们的心态是消极的。如果能换一种积极的心态，我们就会发现，世界也随之发生了改变。一名哈佛大学心理学教授曾这样对他的学生说："当我们的耳朵还能够听到清脆的鸟鸣、优美的音乐时，我们要感恩大自然的馈赠；当我们的眼睛还能够看见金秋的红叶、森林的花朵时，我们要满足于上帝的仁慈。"如果你想改变自己所处的环境，首先就要改变心态。

1. 完美的人生只是幻想

美国有位伟大的雕刻家是一位完美主义者,他认为任何值得去做的事情都要做得完美。他所完成的雕像让人叹为观止,人们几乎难以区分哪个是真人、哪个是雕像。有一天,死神告诉这位雕刻家,他的人生终点即将来临。

雕刻家非常伤心,因为他和所有人一样,也害怕死亡的降临。他苦思冥想了很久,最终想到一个非常好的方法,他先后雕刻出11个自己的雕像。当死神来敲门的时候,他藏在了那11个雕像之间,屏住了呼吸。

看到12个一模一样的人,死神感到困惑,他无法相信自己的眼睛,不知道该如何分辨哪个才是真正的雕刻家!他从没听说过上帝会创造出两个完全一样的人,他认为这个世界上每个人都是唯一的。

这该怎么办?死神无法确定自己究竟该带走哪一个,而他只能带走一个……死神无法做出决定,于是带着困惑回去了。

来到天堂,他问上帝:"有12个一模一样的人,而我要带回来的只有一个,我该如何选择?"

上帝微笑着把死神叫到身旁,在他耳旁轻轻地说了一句话。

死神半信半疑,问上帝:"真的有用吗?"

上帝笑着回答:"不用担心,你试了就知道。"

死神来到那位雕刻家的房间,往四周看了看,说:"先生,虽然这些雕像看起来非常完美,但是我发现这里还有一点瑕疵。"

LESSON 1
心态决定状态，状态引导人生

这位追求完美的雕刻家一时忘了自己面临的危险处境，立即走出来说："哪里有瑕疵？"

死神笑着说："哈哈，我终于抓到你了，'完美'就是瑕疵。天堂里都没有完美的东西，何况是在人间。走吧，你的死亡时刻已经到了！"

每个人都希望自己能达到完美的境界，这是自我实现与自我超越的原动力。但是金无足赤，人无完人，世间万物没有什么是绝对完美的，人自然也不例外。

完美只是美好的幻觉，而不是美好的理想，它给人描绘了一个美好的结局，却没有指明道路，或者说本身就没有一条有效的路径通向完美。所以缺陷总会存在，不能全部被抹杀。既然完美不是世界的本相，那么人又何必执着于此呢？何不放下这不切合实际的妄念，活得更洒脱一些？

一件事如果做得太过苛刻，就丢掉了美和自然。一个人太过追求完美，也就失去了"美"。

断臂的维纳斯引发了无数人的猜想，这残破的断臂的确是一个缺憾，但不可否认，恰恰是断臂使维纳斯成为雕塑中的极品。人们常常感慨睡莲卧于淤泥烂沼之中，实在与高洁的身份不相映衬，殊不知离开了淤泥，睡莲将会永远地睡去，更别谈什么高洁与美丽了。缺陷与美并存，缺陷也许恰恰就是优势，更是提升形象的一个重要的甚至是不可或缺的助力。

那些完美主义者对世界的理解有偏差，违背了世界最本质的规律之一，错误地把完美当成一种至高无上的理想。完美实际上只是一种幻想，而且这种幻想会带来许多负面的影响。完美主义者的这种强迫性心理会造成心态上的失衡，给别人和自己都带来很大的精神压力，结果越想要得到的，反而会越容易失去。

中国有句古训叫"水至清则无鱼，人至察则无徒"，说的是那些看似完美的东西往往存在很大的漏洞。做任何事情都要把握一个度，追求完美也是如此。一个人可以不断完善一件事情，但是力度不要用得太过，以至于越是追求完美反而越是不完美。

> **哈佛人生智慧**
>
> 哈佛大学心理学博士泰勒·本·沙哈尔开设的"积极心理学"课程被哈佛学生推选为最受欢迎的课程。泰勒博士在他的课上教育学生"可以追求卓越，但不要成为完美主义者"。他说："完美主义者最终连自己的成就都拒绝了。在那些看起来好像什么都拥有却不幸福的人身上，经常可以看到这种情况。如果我们的梦想仅仅是拥有一个完美人生，那我们必将遭遇失望与沮丧，因为这个梦想在现实世界中终将破碎。"

2. 人生不是赛跑，而是旅行

有一支西方的考察队深入非洲腹地考察，请了当地部落的土著人做背夫和向导，由于时间有限，他们急需赶路。起初，这些土著人配合得很好，他们背着几十千克的装备物资依然疾步而行，连续三天，他们都按照考察队的计划赶路。但是在第四天早晨，当考察队整装待发的时候，土著人不愿意再走了，想停下来休息一下。无论考察队怎么劝说都无济于事。队员们感到很费解，这几天大家不都相处得很愉快吗？难道是自己无意中得罪了他们？或是他们嫌这份差事太累了，以这种方式要求加钱？这时，土著人的头领解释道："按照我们的传统，如果连续三天赶路，第四天必须停下来休息一天，以免我们的灵魂赶不上我们的脚步。"

土著人尚且知道一味地忙碌之后必须休息一下，自我调整，在都市里生活的人却不明此理。我们在压力的负荷之下，日复一日地忙碌着，以至于很少停下来思考一下，就不断地被事情推着走，或者追逐着眼前的事物，而灵魂早已落在我们匆匆赶路的身影后面。

在欧洲阿尔卑斯山中，有一条风景优美的大道。很多人途经这条大道只是为了去往远方高耸的山峰，很少有人会停下来欣赏沿途的风光。为此，当地人在路边树立了一块标语牌，上面写着："慢慢走，别忘了欣赏！"

生活在当今这个快节奏的时代里，很多人每天都忙忙碌碌，就好像在阿尔卑斯山上攀登，却选择乘坐汽车匆匆忙忙路过，没有时间回一回头，或是停下脚步欣赏一下风景。结果，这原本丰富美丽的世界，在我们眼中变得空洞。

哈佛人生智慧

哈佛大学心理学博士岳晓东说："幸福是人们心中的一种感觉，是一种豁达的心态。幸福来源于生活的轻松与满足，以及对未来充满无限的憧憬和希望。"轻松与满足、憧憬和希望，这正是旅行的心态。当你的人生充满轻松和希望，那么幸福也就与你同行了。

3. 激发心中的热情

2010年，一位名为丽兹·默里的哈佛女博士以其真实的人生经历感动了许许多多的人。她所遭遇的一切令世人明白：当生命在最开始的时候就被贴上"不幸"的标签时，你唯一能做的就是奋力去激发心中的热情。

1980年，丽兹出生于美国纽约一个贫民窟中，她的父母都曾经是嬉皮士，后来由于双双染上毒瘾而陷入贫穷。因为没有钱缴纳学费，丽兹很早便辍学了。在8岁那年，由于无法抵挡饥饿，她与姐姐不得不上街乞讨。当时，姐妹俩曾在寒冷的大街上捡冰块充饥，只因为那可以让她们体会到吃东西的感觉。

在丽兹15岁那年，父母由于患了艾滋病而撒手人寰，可怜的丽兹与姐姐从此变成了真正无家可归的孤儿。姐姐莉莎幸运地得到了朋友的帮助，得以每晚在朋友的沙发上过夜，而小丽兹却不得不流落街头，地铁、隧道与街头长椅都是她入睡的地点。

父母的去世给丽兹极大的刺激，她发誓：一定要改变自己的命运，不能和父母一样，放弃对人生目标的追求。丽兹很清楚，去学校受教育是改变命运的唯一途径。

当时，丽兹穿着一身散发着臭味的脏衣服到一家家学校不断地申请入学，却不断地遭到校方的拒绝，直到她的顽强将当地一所中学的校长打动。在两年毕业的高中速成班中，她一直坚持着自己的学习计划，并选修了各类独立研究课程，同时，她还抽出时间去打工以养活自己。

虽然依然缺衣少食，但是丽兹在读书中找回了人生的意义，体会到了知识的力量。两年后，她以每门学科都为A的优异成绩毕业了，并以全校第一名的成绩考入哈佛大学。与此同时,《纽约时报》为她资助了 1.2 万美元的特殊奖学金。在媒体报道了她的故事之后,整个纽约都被感动了,各界人士捐款 20 万美元,以帮助丽兹支付哈佛大学的学费。

在接受媒体采访时,丽兹说:"我相信我总有一天可以搞定生活。当看到母亲在遗憾中离开人世时,我就下定决心,不能让任何事情阻碍我的梦想!"

2009 年,丽兹获得哈佛大学硕士学位,并继续留在哈佛大学攻读临床心理学博士。

从 17 岁开始,丽兹便明白这样一个道理:人生没有草稿,但你可以改写结局。不管在任何时候,都不能向命运屈服,只有顽强地拼搏,你才拥有改变命运的机会。

人生难免遇到挫折,这本身就是一个不可避免的过程,也正是因为挫折的存在,才有了勇士与懦夫之分。在面对挫折时,能保持一颗热忱的心,积极战胜困难的人便是勇士,而心灰意冷、从此一蹶不振的人便是懦夫。热情是治愈伤口的最佳良药,随着生活阅历的不断累积而变得坚强时,你便会发现,曾经让你痛苦不已的挫折与失败早已成了回忆中美丽的时刻。

一个浓雾之夜,拿破仑·希尔和他的母亲从新泽西乘船到纽约。母亲突然欢叫道:"哇,此刻的情景是多么美妙啊!"拿破仑·希尔疑惑地看着母亲,因为他丝毫没有感觉到眼前的情景存在美妙的元素。母亲发现他的疑惑,于是充满热情地说:"孩子,你看那浓雾,那四周若隐若现的光,消失在雾中的船带走了令人迷惑的灯火,这一切多么令人心驰神往啊!"

拿破仑·希尔被母亲的热情所感染，提起精神向四周寻觅，果然也感觉出浓雾中透着的神秘、虚无与迷惑，他那颗迟钝的心被热情融化。母亲注视着他，微笑着说："我从来没有放弃过给你忠告，无论以前的忠告你接不接受，但此时的忠告你一定要牢牢地记住，那就是：世界从来就不缺少美好的事物，它本身是如此动人，如此令人神往，所以你必须要对它敏感，永远不要让自己的感觉变得迟钝，永远不要让自己失去那份应有的热情。"拿破仑·希尔记住了母亲的话，从此无论做什么事，他总是带着热情去做，最终成为伟大的励志成功大师。

一根精美的蜡烛，如果没有一根小小的火柴将它点燃，那么无论它的质量有多好，也不会发出半点光芒。热情就如同火柴，它能把你所具备的多项能力和优势充分地燃烧起来，给你的人生带来巨大的动力。如果缺乏热情，无论你多么才华横溢、条件优越，也终将一事无成。

哈佛人生智慧

哈佛大学心理学教授罗伊说："热情是一种精神特质，代表一种积极的精神力量。"热情是世界上最大的财富，它的潜在价值远远超过金钱与权势。热情摧毁偏见与敌意，摒弃懒惰，扫除障碍。热情是行动的信仰，有了这种信仰，我们就会无往不胜。

4. 将别人的批评看成称赞

1981年，美国设立了"金酸莓电影奖"，该奖项与"奥斯卡金像奖"相对，是专门为那些被评选为最差影片、最差导演与最差演员所设立的奖项。从此奖项设立到 2005 年，虽然每一届都会评选出获奖者，但是没有一人出席过这一代表"最差"的"金酸莓"的颁奖仪式，更没有哪个导演与演员曾经到现场领取过"最差男/女主角"的奖杯。

2005 年 2 月 26 日晚，即第 77 届"奥斯卡金像奖"揭幕前一晚，"金酸莓电影奖"颁奖晚会在好莱坞中区一个仅能容纳 300 人的小剧院中正式拉开帷幕，寒酸的揭幕式与"奥斯卡金像奖"颁奖典礼那盛大的场面形成了鲜明对比。

所有的与会人员，包括筹备人员都认为，此次"金酸莓电影奖"依然会与往年一样，不会有任何一个获奖演员前来领奖，因为这已然是历年形成的惯例。在颁奖仪式开始以后，主持人以调侃的语气宣布："现在，有请电影《猫女》主角的扮演者、本届'最差女主角'获奖者——哈莉·贝瑞女士上台领奖！"

主持人的话音刚落，全场便爆发出肆无忌惮的大笑声，主持人也嬉笑道："只有傻瓜才会来领这个奖，除非她拥有常人所没有的非凡勇气！"

此时，令所有人瞠目结舌的场面出现了：装扮得美丽而正式的哈莉·贝瑞从后台优雅地走向领奖台，而且她一边走，一边微笑着向大家挥手致意！那一刻，整个会场的空气都凝固起来，所有人都惊异地瞪大了眼睛、张大了嘴巴想：这是不是一场梦？直到哈莉·贝瑞真正地登上领奖台，并双手接过"金酸莓最差女主角"的奖杯以后，所有人才如梦初醒，雷鸣般的掌声骤然响起，持续了将近 10 分钟。

哈莉·贝瑞向台下深深鞠了一躬之后，含着眼泪告诉大家："虽然我曾经是好莱坞著名的女明星，也曾经获得奥斯卡最佳女主角奖，但事实上，我从来没有想象过有一天自己会登上这个领奖台，得到'最差女主角'这样一个奖项。我当然想过放弃领取它，但是从小妈妈就告诉我：'人生从来没有一帆风顺的，若不能做一个好的失败者，那你永远也不能成为一个好的成功者。'于是，我来了！非常感谢所有的观众与评委，是你们将人生中最珍贵的财富赠予我，它足以让我这辈子享用不尽。"

当哈莉·贝瑞微笑着走下台之后，全场再次爆发出雷鸣般的掌声。

每个人在生活中都会不可避免地遭遇各种各样的批评，特别是当你的行为发生改变的时候，周围的人更是会给予你更多的"评论"与"关注"。面对众人的批评，你会如何回应？

罗斯福年轻的时候，与同伴一块去砍伐杂乱生长的树木。结束的时候，有个同伴对大家说："罗斯福砍的树最少，而且像是用牙齿咬断的。"罗斯福听后面红耳赤，但他看到自己砍的树的确还不如别人的一半多，而且切口上的斧头印迹高低不齐，的确像是咬断的，于是便虚心地承认自己工作成绩差、给大家拖后腿的事实。

成为总统后，罗斯福仍然会受到政敌的嘲弄、讽刺和挖苦，但他能够做到只要是自己做得不对，对别人的批评都虚心接受，并努力改正。所以他才越来越强大，最终成为一位伟大的人。他把别人的批评当作一架梯子，然后沿着梯子一直向上攀爬，所以才登上了高位。如果他一直与批评自己的人对立，等于扳倒自己的梯子。

能够正确面对批评的人并不多，喜欢被他人批评的人更是极为少见，特别是那种缺乏自信、对批评拥有超常敏感性的人，总是会千方百计地避开它，久而久之，便会对批评产生恐惧感。克服批评所引发的恐惧感的唯一办法是让自己勇敢地面对它。当你发现有人批评你时，你最好的应对办法是什么？让自己勇敢地站出来，承担后果。

> **哈佛人生智慧**
>
> 一事无成的无名小卒才能够免于批评；不要害怕不公正的批评，但是要知道哪些是不公正的批评；不要害怕受到他人的批评，当提出一项新观念、一种新方法时，你就应该接受他人的批评。聪明的人不仅有自知之明，而且愿意坦诚接受别人的批评。每个人都有缺陷，被人道破时应该坦然接受，没有逃避躲闪的必要。

5. 面对苦难，也要展现笑容

有一个名叫英格莱特的人一度被病魔缠身，求医治病浪费了他多年的时光。就在他庆幸自己接近康复之时，却又被诊断出患上了肾病和高血压。这一次他的病情复杂而且严重，医生说没有人能救得了他，并建议英格莱特的家属准备后事。

英格莱特深深地陷入绝望之中，他向家人交代了自己的临终事宜后，便把自己紧锁在房间里不肯见任何人。家人看到他痛苦的样子都非常难过，却都对他的病情无能为力。就这样，一周过去了，英格莱特突然打开房门，大声对家人说："我这样简直像个傻瓜。我在一年之内恐怕还不会死，为什么不趁还活着的时候快乐一些呢？"

说话的时候，他挺起胸膛，脸上绽放出灿烂的笑容。家人都被他的话感动，殊不知他是怕家人心痛而强迫自己快乐。从此，他每天起床后都会对着镜子跟自己说："笑一笑呀！"渐渐地，他发现自己感觉好多了，微笑也变得越来越自然。

一年过去了，英格莱特并没有躺在坟墓里，反而更加快乐、更加健康。

英格莱特对家人和朋友是这样解释的："有一件事我可以肯定，如果我一直闷闷不乐、愁眉苦脸的话，那位医生的预言就会实现。所以，我给自己一个恢复健康的机会，那就是乐观起来、笑起来。"

对于同样的事物，不同心境的人会有不同的理解。是积极的还是消极的取决于个人的心态。心态往往决定事情的发展方向和人生的结局，怀着一种乐观积极的心态不仅能走出阴霾，走向阳光，还会让自己拥有自信，走向成功。

在一家位于宾夕法尼亚的小杂货铺中，富兰克林目睹了一件事情，使他充分意识到自制的重要性。

在这间杂货铺的顾客投诉受理柜台前，有几位女士正在等着向柜台后面那位年轻的女孩投诉自己在店中遇到的问题。在这几位投诉的女士中，有两人处于极度愤怒与蛮不讲理的状态，甚至讲出了非常难听的咒骂之语。但是，位于柜台后面那这位年轻小姐始终没有表现出任何的消极态度，她以镇静而优雅的态度接待着因为不满而愤怒的顾客。

在她背后站着的另一位年轻的女孩不断地在小纸条上写下一些字，然后将小纸条交给站在柜台前的女孩。这些字条上以简洁的语言记录了那些妇女正在抱怨的内容，但是将那些尖酸而愤怒的话语省去了。

原来，正在柜台前面带着真挚的微笑静静聆听顾客抱怨的年轻女孩是一位失聪者，她的助手通过小纸条将一些必要的事实告诉她。

富兰克林对这样的安排产生了极大的兴趣，他站在一旁，对那些抱怨者与那位可爱的倾听者进行了观察。他发现，柜台前的年轻女孩并不漂亮，但她脸上的亲切微笑对这些愤怒的妇女产生了意想不到的影响。她们在来到柜台前时一个个如同咆哮怒吼的野狼一般，但是离开时却一个个如同温驯的绵羊一般。特别是那两位蛮横无理的妇女，脸上甚至流露出羞怯的神情，因为这位年轻女孩的微笑让她们对自己的行为感到羞愧。

自此以后，每当富兰克林对不乐于听的评论感到不耐烦时，便会立即想起那位女孩的微笑，随后会对自己的情绪进行控制，以期让事情向着更好的方向发展。事实证明，事情也的确是向着他所期望的方向不断发展的。

尽管世界上有很多不尽如人意的甚至是丑恶的事物存在，但是社会发展的总趋向还是与我们的理想和谐一致的。困难和不幸是任何人都不愿遭遇的，但情商高的人会把它当作成长的机会。正是通过在痛苦中挣扎和努力，人们才发现、选择和创造了美好的东西。也正是因为经历痛苦的磨炼，人们才登上了幸福的巅峰。所以，不要让暂时的痛苦淹没了你灿烂的笑容！

哈佛人生智慧

哈佛大学公共卫生学院研究人员劳拉·库布扎恩斯基说："乐观与积极的情绪都是宝贵财富。"请记住，快乐是天赋权利。如果感觉自己正在失去这种权利，那么你就需要拿出镜子对自己说："笑一笑呀！"然后保持你的微笑，耐心等待，总有乌云散尽的一天。

6. 坦然接受世界的不公平

1939年，20岁的卡普兰以优异的成绩毕业于纽约城市大学。但是，在他继续申请进入医学院进修时，却连续遭到五所著名学校的拒绝。在自传中，卡普兰如此描述那一段回忆："我是一个犹太人，上的是公立大学，这些都是他们拒绝我的理由。对我来说，这真是祸不单行。"他感觉非常不公平，他认为，只要医学院有入学考试，自己便可以向校方证明，从公立大学毕业的学生丝毫不输给那些私立大学的毕业生。

当时，犹太人在美国教育中备受歧视，社会没有给他们提供太多接受高等教育的机会，唯一的突破口便是考试。犹太人依靠着聪明的头脑与优异的成绩大量跻身上流社会，这些"低等生源"引起了美国教育界的惊慌，他们甚至开始思考，如何才能将"犹太人的问题"解决掉。当时，美国大学专门主管录取工作的录取办公室便是在这种氛围中成立的。

这便是卡普兰所处的时代：整个犹太民族受尽了白人的排挤，而他恰恰是这一弱势群体中的一员。卡普兰面对不公并没有埋怨，更没有屈服，而是将精力放在犹太人唯一可以依赖的武器——考试上。从1946年开始，卡普兰针对美国大学重要的入学考试SAT展开研究，并专注于如何能在短期内迅速提升SAT分数。

虽然所有的考试机构都试图告诉学生，参加卡普兰的系统培训完全是在浪费金钱，但是，当越来越多接受卡普兰培训的学生取得出色成绩以后，联邦行业委员会终于决定对卡普兰展开正式的调查，以证明这个"品格败坏的犹太人"在做虚假广告。

LESSON 1
心态决定状态，状态引导人生

1979年，调查报告正式公布，令所有人惊讶的是，卡普兰的培训竟然可以使学生在SAT的各科成绩提升至少25分！这一报告成为卡普兰培训机构最好的全国性广告，从此以后，卡普兰的事业蒸蒸日上。

随后，卡普兰所引发的"考试革命"被称为"教育民主运动"，他迫使整个美国对人才的选拔机制做出相应的调整，被称为"美国应试教育之父"。

生活不是一场辩论赛，在这里，没有所谓的公平与公正，也许它给别人的全是鲜花与掌声，给你的却是刺人的荆棘。可以理解并热爱生活的人绝对不会强求生活带给自己玫瑰，而是会将自己手中的荆棘变成玫瑰。在这个过程中，挣扎与呻吟在所难免，却并不会令人流下痛苦的眼泪。

有一位美国人遭遇了两次惨痛的意外事故。

第一次不幸发生在他46岁那年。当时，一次意外的飞机事故使他身上多达65%的皮肤被烧坏。在经过多达16次的手术后，他的脸由于多次被植皮而变成了一块"彩色板"。在这次事故中，他失去了十指，双腿也变得极为细小，而且无法行动，医生告诉他，他终身只能与轮椅为伴。

谁曾想到，六个月以后，他竟然亲自驾驶着飞机飞上了蓝天！

四年以后，命运之神再一次让这个不幸的男子经历了一场常人无法想象的挫折：他所驾驶的飞机在起飞之后突然摔回了跑道，他的12块脊椎骨被压得粉碎，造成了腰部以下永远的瘫痪。

但是，他并没有将这些灾难当成自己消沉的理由，他说："在瘫痪之前我可以做10000种事，如今我大概只能做9000种了，但是我依然可以将目光与注意力放在这能做的9000种事情上。虽然我的人生经历了两次这样的残酷事件，但是我依然愿意选择不把挫折当成自己放弃努力的借口。"

这位生活中的强者叫米契尔。正是因为永不放弃，持续努力，他最终走出人生低谷，成为一位成功的企业家、公众演说家，还在政坛上获得了自己的一席之地。

这个世界从来就不存在绝对的公平，那些妄想通过不断地抱怨与指责来实现自我期望中的公平的举动，本身就是在浪费时间与精力。想要获得理想中的公平世界，你所面临的方法只有一个：积极地奋斗、规避弱势，努力驾驭自己的"生命之舟"，持续努力为自己创造出公平的世界。

> **哈佛人生智慧**
>
> 曾就读于哈佛大学的微软联合创始人比尔·盖茨如是说："人生本身就是一场不公正的竞争，习惯它、接受它，是你唯一可以做到的事情。"人生的本质就是不公平。而且这种不公遍布每个人发展的每一个细微而又渺小的阶段。但是若未能认清这一现实，只是一味地抱怨与急躁，那么你将始终生活在不公之中。

7. 学会在平凡中寻找精彩

大学毕业那年，布里格姆正好22岁。为了实现从小的愿望——当一名老师，他来到了具有丰厚文化底蕴的英国剑桥市。

愿望是美好的，现实却如此残酷：他一连向几所中学发出求职简历，却没有获得一个回应。他不断地尝试各种自我推荐法，甚至使用降低求职标准的方法，却依然没有任何学校想要雇用他。当追逐梦想的信心被现实打击之后，布里格姆的心情坏到了极点，他甚至开始质疑自己的能力。

没有工作便没有经济来源，他的生活陷入困窘。就在此时，他从报纸上得知，剑桥市政府招聘一批清洁人员，他们的主要任务是保持城市的卫生和洁净。在犹豫许久之后，他最终报了名。虽然这份工作与自己成为人类灵魂导师的梦想相距遥远，但是他需要钱来生存。

这一次，他终于被录用了。他的工作很简单：每日推着一个垃圾车，从大街小巷的地上捡起别人丢掉的垃圾。虽然刚开始的时候他非常抗拒这份工作，但是后来他便深深地爱上了它，因为自己可以为剑桥这座美丽的城市贡献力量，这本身就是一件荣耀的事情。

随后，他开始不断地对有关剑桥的各种历史进行了解，同时向一些老人请教过去发生的事情，并进行了许多秘闻的收集。一次偶然的机会，有几个游客向他问路，他不仅向对方指明了道路，同时以精彩的解说向对方解释了这条路名字的由来与历史渊源。他本身优秀的口才，加上个人的文化基础，使整个解说精彩绝伦，以至于到后来许多人来到剑桥旅游时专门请他当导游，而他每一次都不负众望地让游客尽兴而归。对剑桥市的深切热爱与理解、对剑桥文化精髓的吸收与恰当运用令他的名气大增，同时成为一名备受尊重的人，虽然他的身份依然是一名清洁工。

在2009年末，剑桥市授予布里格姆优秀导游资格——"蓝牌导游"，同时民俗博物馆还请他出任主席一职。随后，为了表彰他对剑桥市的热爱与深情，剑桥大学将荣誉文学硕士的殊荣授予他。

若你现在去剑桥游玩的话，说不定也会在不经意间遇到布里格姆，他在整个城市的大街小巷不停地游走，一边美化着城市，一边向世人展示这座城市的内涵与精髓。

人生的成功有多种样式，指点江山的意气风发、挥金如土的豪迈爽快、征战商场的翻云覆雨……当然，还有小人物的人生之梦。并非每一个人都有机会成为大人物，但是身为小人物的你不应该忘记：上帝从来都没有忘记平凡，用心地锤炼细节、耐心地等待机会，便会铸造成功。

哈佛大学的凯瑟琳博士回忆自己的一次经历：我去农场度假的时候遇到一个"怪人"——一个外表普通的中年男人。每次看到他时，他都在做我意想不到的事，比如，在倾斜的房顶上散步、蹲坐在田里的凹陷处看蚂蚁。有些时候，他甚至会倒挂在树上，像一个孩子。一开始，我还以为他是个疯子，后来听说，他是位摄影师。一次和他巧遇时，他拿着相机在拍一朵花，我忍不住和他搭话，就这么你一言我一语地聊起来，之后无事的时候也就跟他一起做着奇怪的事情。

我经常会想起和他一起像个孩子一样度过的两三天。他说过的一句话直到现在仍时常回响在我的脑海里："其实很多东西，我们每天都看，每天都觉得就是这个样子。但是换一个角度你会发现，这些在我们眼中再平常不过的东西原来还能呈现出这样一个奇特美丽的画面。我要做的，就是把这些画面记录下来。"也许就是因为这句话，让我一直认为，摄影师就是最懂生活的人，因为他们总能发现隐藏在平凡中的精彩。我们每个人都能成为摄影师，只要换个角度，就能发现不一样的精彩。

世界上总是存在这样一种人：他们在我们的身边过着极为平淡的生活，从我们的身边擦肩而过，我们不会对他们多看一眼。但是他们从来没有放弃过自己的梦想与追求。由于资历的平凡，他们的成功根本不足以与那些杰出人士相媲美，更不会获得万人敬仰。但是当外表、生活如此平凡的他们在追逐梦想的那一刹那，闪耀出自我的光芒时，便已经点亮周围的世界。

哈佛人生智慧

生命在闪光中绚烂，在平凡中真实。可以说，大部分哈佛人也是生活中的小人物，但是他们是世界上最优秀的小人物。他们拥有丰富的梦想，敢于为梦想付出百折不挠的勇气，这些小人物式的大梦想注定了他们将会有精彩的人生。

LESSON 2

好习惯让人成天使，坏习惯把人变魔鬼

有人穷，有人富，有人快乐，有人抱怨，有人受欢迎，有人被敬而远之，生活中的点点滴滴都是由习惯决定的。人生其实就是一场好习惯与坏习惯的拉锯战。比尔·盖茨说过："好的习惯是一笔财富，一旦拥有它，你就会受益终生。"如果你觉得自己平庸，那么应该首先考虑是不是你的习惯出了问题。习惯可以载着我们走向成功，也可以拖着我们滑向失败。既然谁也无法逃脱习惯的束缚，那么为什么不去利用它、改变它呢？

1. 猜疑的习惯害人害己

一个人丢失了斧头，在没有任何证据的情况下，他怀疑是邻居的儿子偷走的。从这个假想出发，他开始观察邻居儿子的言谈举止、神色仪态，竟然觉得邻居儿子完全就是小偷的样子。思索的结果进一步坚定了他原先的假想，他在心里已经给那个孩子贴上了"小偷"的标签，而且有意无意地向其他人渗透这一信息。

几个月后，这个人在自家屋檐上找到了丢失的斧头，才猛然想起是自己遗落在上面的。这时他万分悔恨，再看邻居的儿子，竟然一点也不像小偷的样子。然而，邻居家得知他在背后诬陷自己的孩子是小偷后，已经与他产生了隔阂。

这个人从一开始就给邻居儿子下了结论，使自己走进猜疑的死胡同。由此看来，猜疑一般总是从某一假想开始，最后又回到假想，就像一个圆圈，越画越粗，越画越圆。在猜疑的心理作用下，人会陷入作茧自缚、自圆其说的封闭思路。

在英国的一个小镇上，两兄弟经营了一家百货商店。多年来，他们的生活虽然忙碌，但很平顺。直到有一天，因为丢失了10美元，兄弟俩的关系发生了变化。事情是这样的，一位顾客买了10美元的物品，哥哥将钱放进收银机便外出办事，当他回到店里时却怎么也找不到收银机里的10美元。

他问弟弟有没有看到收银机里的钱，弟弟很干脆地回答说："没有

LESSON 2
好习惯让人成天使，坏习惯把人变魔鬼

看到。"哥哥不肯善罢甘休，咄咄逼人地追问道："就咱们两个在店里，这钱还能长腿跑了？"弟弟听出话里的质疑，顿时心生怨恨。从此，兄弟之间出现了隔阂。

渐渐地，两兄弟之间的对话越来越少，后来竟然不愿在一块儿居住。于是，这家百货商店中间便多了一道砖墙，将兄弟俩的感情也间隔开了。此后的十几年间，双方的敌意有增无减，各自的痛苦也与日俱增，这样的气氛也使百货商店的生意受到了影响。

直到有一天，哥哥的店门口停了一辆外地牌照的车，车上下来一名男子。男子走进店里问："请问您是这家店的老板吗？"哥哥回答说："是的，有什么能够帮助您的？"男子红着脸说："我是来告诉您十几年前发生的一件事，那时我还是个游手好闲的流浪汉。有一次我来到您的店里，看到没人注意我，便从收银机里偷走了10美元。10美元虽然不是个大数目，但是多年来我一直深受良心的谴责，我必须回到这里来请求您的原谅。"

听这位男子说完，店主已经热泪盈眶，用哽咽的声音请求他："我只想请求您将此事说给隔壁的那家店主听。"当这陌生男子到隔壁说完此事以后，他惊愕地看到两位中年男子在商店门口紧紧地拥抱，痛哭失声。

猜疑是一种没有出路的心理选择，是人际交往中一种非常不好的心理习惯，称得上是"情感的蛀虫"。正如英国哲学家培根所说："多疑之心犹如蝙蝠，它总是在黄昏中起飞。这种习惯是迷惑人的，又是乱人心智的。它能使你陷入迷茫，混淆敌友，从而破坏你的前途。"

许多猜疑最后被证实是子虚乌有，这是一件颇为尴尬的事情。但在被证实之前，由于消极的自我暗示心理，猜疑者会觉得自己的猜疑顺理成章。要抛弃成见和自我暗示，就要学会客观而辩证地看待他人和自己。

哈佛人生智慧

一位哈佛大学的心理学家说："想象是人类的一种精神活动、挑战和冒险，是人类有所成就的关键，也是人类努力的主要动力和通往人类心灵的秘径。可是，如果无中生有地起疑心，对人对事不放心，想象就会变成猜疑。"奇思妙想是创造的源泉，但胡思乱想却是猜疑的根源。要消灭猜疑的坏习惯，就要控制住自己的思想，不要总把别人往坏处想。记住：你把别人想成什么样的人，你自己就是什么样的人。

2. 永远不要停止学习

有个学徒自以为学业有成，已经完全没有留下来继续学习的必要，于是就向师父辞行。他对师父说，自己已经学到所有的本事，完全可以自谋生路。师父知道这个徒弟虽然天赋异禀，但是为人太容易自我满足，根本没有领悟学无止境的道理，但他没有直接斥责徒弟的骄傲自满。

师父拿出一个瓶子，往里面装石头，直到装满一整瓶。他拿给徒弟看，然后问道："这里面还能够装下东西吗？"徒弟摇摇头。师父从地上抓起一把沙子放到瓶子里，沙子从石头缝里漏了进去，充斥了整个瓶子。师父问徒弟："现在还能够装下东西吗？"徒弟认真看了看，然后坚定地说："已经非常满，根本就装不下东西了。"师父又抓起一把粉末状的石灰慢慢装入瓶子，结果粉末状的石灰很快就渗进去，他再次问徒弟："瓶子是否满了？"徒弟点点头。师父又舀起一瓢水，一点点地灌进瓶子里。这些水很快就被沙子吸收了。这时徒弟终于明白过来，原来自己所学的还远远不够。

很多时候，我们都以为自己足够强大，拥有足够的智慧和能力，但每一个人其实都是大千世界中渺小的一个分子，我们所知的东西在世界诸多真相面前更是微乎其微、不值一提。如果始终昂着头，不肯虚心学习，那么认识面永远不能得到扩展。

对成功者来说，没有人强迫他们去学习，而是他们自觉地要去学习，因为接受新知识就是他们生活的一部分。相反，对于那些失败者，没有人不让他们学习，他们却懒得去学，因为学习被他们看成一种负担。可见，成功与失败的分界线就表现在人们对于获取知识的态度。

哈佛人生智慧

知识从无止境，学习也不可能有终点。只要你意识到学习的重要性，从现在开始努力也不算晚。勤奋好学要有不耻下问、活到老学到老和克服各种困难的精神，这样才会真正学有所成，学有所用。

3. 勤奋成就美好人生

约瑟夫天资平平，但他十分勤奋，且意志坚定。他的父亲早逝，母亲则开了一家小店铺，含辛茹苦地把约瑟夫等几个孩子拉扯大。后来，母亲把约瑟夫送到了一位外科医生那儿去学习，希望他长大后能从医。约瑟夫毕业之后，在东印度公司获得了军校学员医生的职位。

工作后的约瑟夫十分卖力,甚至可以说是狂热,因为无法找出第二个像他一样拼命工作的人,也没有人像他那样严谨地生活。他的勤奋和认真使他深得上司的信任,进而不断被提拔。后来战争爆发,约瑟夫随军出征。在战争中,负责翻译的人员牺牲了,约瑟夫便开始学习和研究当地语言,最后成功地接替了翻译的工作,并发挥了不容小觑的作用。随后,约瑟夫被任命为医疗队的队长。但是,他的工作能力远不止这些,还兼任出纳员、投递员。工作越多,他就越开心,劲头也越足。同时,他签约负责提供军需品,在有利于部队的同时,也能提高自己的收益。回国之后的约瑟夫已经有了可观的积蓄,事业更是蒸蒸日上。

从约瑟夫的故事中我们可以看出,勤奋不但可以补拙,还能让人爆发出巨大的潜能,甚至使人超过那些比自己头脑聪明的人。所以,勤奋就是一个人的财富,它是点燃智慧的火把,是检验成功的"试金石"。对于那些天资平凡的人,只要肯努力,终能弥补自身的缺陷,成为一名成功者。

在回答一位记者关于成功秘诀的提问时,香港知名企业家李嘉诚讲了这样一个故事:日本著名的"推销之神"原一平69岁时,在一次演讲会上回答关于推销秘诀的问题。他在众目睽睽之下脱掉鞋袜,并把提问者请上台,请他摸摸自己的脚底板。

提问者摸了原一平的脚底板后,惊奇地问道:"您脚底的茧怎么这么厚呀?"

原一平笑着说:"那是因为我比别人走的路多,跑得也比别人勤些。"

提问者顿时恍然大悟,对原一平肃然起敬。

李嘉诚讲完这个故事以后,微笑着对记者说:"我不会让你来摸我的脚底板，但我可以很负责地告诉你，我的脚底也同样有着很厚的老茧。"

毫无疑问，对于像原一平这样的成功人士，人们总以为他们的成功得益于过人的头脑，却忽略了最为基础的一点，即辛勤的付出。虽然说"勤能补拙"，但并不只有天资驽钝的人才需要勤奋，任何渴望成功、渴望财富的人都需要勤奋。有成功人士说过："我不知道有谁能够不经过勤奋工作而获得成功。"言下之意就是，勤奋是获取成功与财富的重要手段，也是必备手段。

有人问一名小提琴大师学拉小提琴要多长时间，他回答说："每天12小时，坚持12年不间断。"仔细算算，大师总共花了多少时间才成为名噪一时的小提琴家啊！所以，我们可以说，成功始于勤，成于勤。

从传统观念来讲，财富的累积者大部分是一些高智商的赚钱能手，也就是说，他们是用自己的智慧赚钱。然而，如果一个人徒有智慧，而懒于思考、疏于行动，那么他也掌管不好太多财富。正如哈佛大学高标准的入学条件一样：勤奋+天赋。纵使你天赋再高，如果不勤于动脑和动手，一样无法达成目标。

哈佛人生智慧

哈佛大学博士、中国国学大师赵元任说过："勤奋和成功是一对密友。一个人资质差一点并不打紧，如果懂得勤奋用功，依然可以成大事。"不管你是稍显笨拙还是才智过人，都不要忽略和小看"勤奋"二字。如果你想要获取更大成就，请不要妄图一蹴而就，应该拿出实际行动来，一点一点去获取和积累。要知道，播下希望的种子，以勤奋耕耘的汗水来浇灌它，才能有丰硕的果实。

4. 大处着眼，小处着手

在第二次世界大战中，所向披靡的美国将军巴顿曾是所有德国士兵的噩梦，但他也是美国士兵无法接受的梦魇。因为巴顿对士兵们生活细节的苛求到了无以复加的程度，他可不想让那些士兵因为鞋带没系好而在战场上摔倒，又或者因为没戴好钢盔而丧命。1943年，巴顿将军被任命为第二军军长，他到达部队后，立即开始视察，但凡那些衣衫不整、帽子不正、扣子不齐的士兵都会遭到痛骂，就连皮鞋上沾点灰也不行。他告诉每一个士兵，以后要随时注意自己的钢盔、枪以及护腿，而且每天都要刮胡须。

战争年代，在沙场上出生入死的士兵哪里能够顾及那么多。对此，那些骄傲的美国大兵非常不满，他们认为自己来这里是为了尽快打败德国人，而不是为了一些鸡毛蒜皮的小事操心。可是巴顿不依不饶，要求全军严格贯彻他的指示，只要有人胆敢忽视这些小细节，就会受到严厉的处罚。起初大家对此十分不理解，可正因为如此，第二军的面貌很快有了改观，后来还成为美国军队中最顽强、最具战斗力的一支队伍。

我们常常觉得自己的精力不应该被耗费在细枝末节、无伤大雅的小事情上，而应该放在那些惊天动地的大事上去。听起来似乎很有道理，成功者原本就应该志在千里，就应该做一些大手笔的工作，可是我们往往忽略了这样一个事实：细节决定成败。

有很多人去一家公司面试，面试官故意在椅子的把手上钉上一枚钉

LESSON 2
好习惯让人成天使，坏习惯把人变魔鬼

子。结果，几个面试者都没能发现这枚钉子，又或者发现了却根本没有在意它，这些人自然没能得到理想中的职位。后来，又来了一个面试者。这个面试者的表现很平凡，可是他在离开的时候善意地将钉子取出来，放在口袋里带了出去。这个微小的细节被面试官看在眼里，并由此敲定人选。这个细心的面试者得到了心仪的工作和职位。

我们常常会忽略那些最细微的东西，不仅如此，我们还经常会犯这样的错误：总是把目光放得很远，总是急于把所有的心思和精力都用在伟大的人生抱负上，并且认为这是一个有志之士最应该做的事情，却忽视了细节。

一位国王和一位伯爵因为争夺王位展开决战。战前，国王让马夫找铁匠替自己的战马打好铁蹄。由于钉子不够，铁匠提议去寻找新的钉子，可是马夫认为大战在即，凑合一下就算了，铁匠只好少打了一颗钉子。结果战马在战斗中马掌脱落，导致查理三世战死沙场，一代英雄就因为一颗缺失的钉子而失去了自己的帝国。

一些细节往往看似单调不起眼，给人感觉只是鸡毛蒜皮的小事，但鸡毛蒜皮的小事可能正是成就大事业的基础。细枝末节也许很平淡和枯燥，却能够影响大局。看不到细节或对细节敷衍了事的人不可能认真地对待自己的生活，也不可能认真负责地做好每一件事。他们习惯对自己敷衍了事，丧失了对生活的热情，自然就无法承担更重大的任务。试想一下，一个丢三落四的人怎么有能力去把握更大的事业？一个不注重细枝末节的人怎么能看到伟大事业的全貌？一个连自己也照顾不了的人怎么有能力去把握这个世界？

> **哈佛人生智慧**
>
> 哈佛大学博士、银行家大卫·洛克菲勒说:"自古至今,所有辉煌的事业无一不是从小事做起,由点点滴滴积累而成。因此,做大事者应该摒弃好高骛远而脚踏实地。"一个人拥有巨大的野心和抱负是难能可贵的,但是做人不能仅仅依靠抱负。想要成就大气人生,需要做到精细严谨,只有做好身边最细微的事情,才能扛起更大的事业。

5. 逃避是最愚蠢的自保

2001年5月20日,美国一名推销员乔治·赫伯特获得"最伟大推销员"金靴子奖。在1975年,布鲁金斯学会有一位学员成功地将一部微型录音机卖给当时的总统尼克松,从而获得了这一奖项。在那之后,这一奖项一直空缺,直至乔治将一把斧头成功推销给小布什总统。

这一学会创建于1927年,它有着一个独特的传统:在每一届学员毕业以前,都会有一道最能体现推销员实力的实习题留给他们,让他们独自完成。在克林顿当政期间,布鲁金斯学会的题目是:请将一条三角裤推销给现任总统。几年间,无数学员为这一题目绞尽脑汁,但最终都无功而返。

在克林顿卸任以后,学会又将题目改成:请将一把小斧子推销给总统小布什。这一题目与上一题目一样,难倒了一群推销能力出色的学员。毕竟,总统什么都不缺,即使缺什么,也往往不会由他们亲自购买。

LESSON 2
好习惯让人成天使，坏习惯把人变魔鬼

令人意外的是，乔治·赫伯特却成功地做到了这一点。有人问他到底是怎么做到的，他是这样解释的："我并不认为把斧头卖给小布什有多么困难，因为他在得克萨斯州有一座大农场，农场中有许多树木。我给他写了一封信，信里说，我知道您有一个美丽的农场，而且我有幸到那里参观过。在参观的时候，我发现那里有一些树因为木质松软而死掉。我个人认为，现在您应该需要一把锋利的斧头，而恰好我的祖父留给我一把这样的好斧头，它非常适合砍伐枯树。如果您有兴趣的话，可以按信上的地址给我回复。后来，他回了一封信，同时还给我汇了15美元。"

布鲁金斯学会会长在乔治·赫伯特的表彰大会上说："在布鲁金斯学会成立的多年间，我们培养出无数的优秀推销员，成就了成千上万的百万富翁，但是他们并没有得到这个空闲了26年之久的金靴子奖。因为在我们看来，这一奖项属于那个不因他人做不到便放弃的人，而我们也一直在寻找这么一个人。"

"生活的秘密就是没有秘密。不管你的目标是什么，只要乐于付出，你便能够得到。"美国著名脱口秀主持人奥普拉·温弗瑞如是说。人在出生以后，注定要与各种各样的困难打交道。我们每走一步都有可能会遇到困难，时时面临错综复杂的困难，处处感受到困难的威胁。它们有些来自生活，有些来自工作。是选择逃避还是选择勇敢地面对困难，决定了你日后会有怎样的成就。

一直以来，哲学家苏格拉底似乎总是以柔弱文人的形象面对公众，但是事实上他比多数男人更强大，也更有责任感。早年他是一名军人，在参加战争时，看到受伤的战友被俘，他直接冲入敌营，奋起抵抗，最终将战友和他的武器一同带回营地。因此，他得到了政府颁发的最高荣誉勋章。别人问他为什么这样拼命，他笑着说这是一个男子汉应该做的。

晚年的他一直致力于传播真理和哲学，当他被腐朽的当局判处死刑的时候，有朋友试图帮助他逃走，他直接拒绝了，并坦然地说："我应该为我的信仰尽最后的职责。"他把宣扬真理的重任扛在自己身上。而在担负起教育青年的任务时，他也没有丝毫退缩，正如他自己所说的那样："职责高于生命。"

痛苦永远属于失败者与放弃者——这是哈佛学子大学生涯中最深刻的感受。可以说，你面对困难时的心态直接预示了日后在人生旅途中看到怎样的风景。当遭遇难题之后，你首先应该意识到的是，困难永远与希望同在，挑战背后往往是机遇。只要勇敢地面对难题，并付出汗水与努力，你便有机会成为竞争与挑战中的胜者。

哈佛人生智慧

"自己负责，自我挑战"，这是哈佛学子在进入校门后首先学到的生存技能。哈佛大学是全球顶级的著名高等学府，这意味着其竞争强度与残酷程度也是其他大学无法比拟的：筛选、培养、磨炼，这是哈佛培养人才、造就人才的唯一通道。所有的哈佛人都明白这样的道理：不管遭遇何种难题，都不应该逃避，而是应该面对困难，勇敢地接受挑战。

6. 从观念中删除"我做不到"

出生在美国康涅狄格州的埃里克在很小的时候不幸患上一种奇怪的病。这是一种极其罕见的眼病，无法医治，所以他在13岁时完全失明。

为了帮埃里克树立起信心，父亲每年夏天都会带着他去远足。渐渐地，埃里克爱上了这种户外运动。年龄稍大些的时候，他开始练习攀岩和登山。他对自己说："眼睛看不见有什么关系，我一定会登上最高的山峰。"有了信念的支撑，埃里克越攀越高，不断地用这种方式来寻找自己的光明。

几年以后，埃里克在登山界小有名气。后来，在美国盲人基金会的资助下，他依靠着队友的帮助，用绳索和铃铛引路，最终成功地登上了北美洲的最高峰——麦金利山。即便征服了这座高山，他依旧没有停下脚步，他的足迹遍及世界七大洲：非洲的乞力马扎罗山、南美洲的阿空加瓜山……一座座世界高峰被他踩在脚下。2001年，他还成功登上了珠穆朗玛峰峰顶。埃里克站在了世界之巅，他成为第102位征服七大洲最高峰的登山者，而且是这102位中唯一的盲人。

事实上，在埃里克第一次宣布要向高山进发时，身边嘘声一片。谁会相信一个盲人能够登上山顶呢？很多登山运动员也不愿加入他的队伍，因为在他们看来，这是不可能实现的任务，甚至算得上是对职业登山者的侮辱。还有人讥讽说："连我这样的正常人都不会做出这么愚蠢的决定！"然而，凭着强大的信念，埃里克始终没有动摇自己征服高山的念头，而事实也证明，他能行，他创造了奇迹！

HARVARD
哈佛人生智慧：案例实用版

哈佛学子、美国作家与哲学家亨利·戴维·梭罗曾留下训言："自信地朝着你期望的方向前进，过你期望过的生活。随着你对自我的激励，人生的法则也将变得简单。"这一名言被哈佛纳入校园文化，并成为每一位哈佛学子必备的个人素质：想要进入哈佛，便永远别说自己做不到。

他是一位建筑设计师，年轻时，以出色的设计风格赢得了公众的认可，并被幸运地邀请参加温泽市政府大厅的设计工作。他运用工程力学的相关知识，并根据自己丰富的实践经验，巧妙地设计了只用一根柱子便能够对大厅天花板进行支撑的方案。

一年以后，政府大厅正式完工，市政府请权威人士进行工程验收时，对由他所设计的一根支柱提出了质疑。这些权威人士认为，如此沉重的天花板却只使用一根柱子支撑无疑是非常危险的，并提出要求：再增加几根柱子。

年轻气盛的设计师不接受这一毫无理论根据的质疑，他辩解说自己的设计毫无缺陷，只需要使用一根柱子，整个大厅便足够稳固。与此同时，他还通过详细的计算与相关实例举证进行说明，拒绝了所谓的工程验收专家增添支柱的建议。

他的自信在市政官员的眼中变成了无可救药的固执，年轻的设计师由此险些被送上法庭。在重重压力下，他只得在大厅四周增加了四根支柱。但是，为了捍卫自己的设计成果，这四根柱子在建造的时候离天花板相隔了几乎无法被人觉察的两毫米。

岁月流逝，一晃300年过去了。在长达300年的时间里，温泽市政府的官员不知换了多少，而市政大厅却坚固如初。

直到20世纪后半期，温泽市政府准备对大厅的天花板进行修缮时，才发现了这个惊人的秘密。

LESSON 2
好习惯让人成天使，坏习惯把人变魔鬼

消息一经传出，世界各国的知名建筑师以及许多游客慕名而来，只为观赏这几根神奇的柱子，他们为温泽市政府大厅起名"嘲笑无知的建筑"。最令人称奇的是，这位年轻的建筑师当年加筑支柱以后，在中央圆柱顶端留下了这样一行字：真理与自信只需要一根支柱。

这位留下一个建筑史上著名奇迹的设计师便是克里斯托·莱伊恩，由于有关他的资料并没有留下多少，他的名字对现代人而言非常陌生。但是，在仅存的一点资料中，记载了他在面对质疑时说过的一句话："我坚信，在100年后，或者在更久的时间以后，当你们面对这根柱子时，只能哑口无言，甚至瞠目结舌。而我需要向后人说明的只有一点：你们看到的并非所谓的奇迹，而是我对自信的一点坚持！"

若你询问那些从哈佛毕业的学子在大学期间学习到的最重要的东西是什么，他们会告诉你，除出色的专业知识外，最重要的就是自信心。在生活中，总是会有人不断质疑自己的能力。但是，他们并没有意识到或者根本没有能力改变这样的状况。事实上，若敢于积极地面对自我，并有勇气去坚持进行持久的自我训练的话，用不了多久，你也可以成为一个时时保持自信的人。

哈佛人生智慧

许多人之所以会失败，源于他们犯下了这样的错误：总是对自身所具备的宝藏视而不见，反而去拼命地羡慕别人，对他人进行模仿。殊不知，成功其实就是永远自信地走自己的路。"永远不要说自己做不到，这便是渴望成功者的第一成功要素。相信自己，坚持以胜利者的心态去生活，不要自己打败自己。依靠自己的力量执着地冲向人生目标，你便一定能有所收获。

7. 培养不抛弃、不放弃的好习惯

康斯坦斯出身于一个贫困家庭，在他念高中的时候，父亲就在一次意外中丧生。母亲身体有病，不能出去工作，所以家里再也没有能力供他继续上学。于是，康斯坦斯毫无怨言地辍学回家，帮助母亲挑起了家庭的重担。不仅如此，他还要负担弟妹们的上学费用。

康斯坦斯辍学的时候年仅18岁，想要挣钱又苦于找不到门路。后来，他便想着利用门前的一块平整的土地来种菜。这样家里就不用再花钱买菜，可以减少开销。更重要的是，那些吃不完的菜还可以拿到集市上去卖，赚点零花钱以补贴家用。有了这样的想法后，康斯坦斯便行动起来，他把地翻好以后，便买来蔬菜种子播撒到地里。可是，因为没钱买肥料，他只好仅仅给蔬菜浇水。结果不但没收获蔬菜，连买蔬菜种子的钱都赔掉了。这件事发生以后，康斯坦斯成为当地的一个笑柄，大家都认为他又穷又蠢。

康斯坦斯没有理会别人的眼光，又琢磨着挣钱的事。有一次，他听人说养鸭子挺能挣钱的，不但鸭肉值钱，鸭毛更是价格不菲。于是，他向银行贷款1000美元作为本钱，在家里养起了鸭子。鸭子倒是长得不错，可就在鸭子长大到快能卖钱的时候，却染了瘟疫，几天工夫，那些鸭子全死掉了。1000美元对别人来说可能只是个小数目，可是在康斯坦斯这样一贫如洗的人家看来，无疑是一笔巨额钱款。在这次打击中，康斯坦斯的母亲因忧愤过度而去世了。

从那以后，康斯坦斯从事过多种体力活：在建筑队做过搬砖工、打过铁、在煤矿挖过煤……可是都没怎么赚到钱。

LESSON 2
好习惯让人成天使，坏习惯把人变魔鬼

　　转眼康斯坦斯都快40岁了，老婆也没有讨到，那些和他一样贫困或带着孩子的寡妇都看不上他。康斯坦斯照样过自己的生活，不在乎别人的流言和白眼。他只想好好挣钱，改变自己的人生。

　　虽然之前创业都遭到了失败，可是康斯坦斯仍旧不想放弃他的创业梦，他决定继续拼搏。于是他走遍了亲戚朋友家，好不容易凑足钱买了一辆二手卡车，专门给石料厂跑运输。可是，康斯坦斯这次依然不走运。在他工作未满两个月的时候，一天晚上，由于天黑路滑，他把车开到了山沟里，所幸山沟不算深，他只摔断了一条腿和一只胳膊。但是他那辆二手卡车可不像他那么走运，这台老家伙被救援队拖出来时已经是面目全非，康斯坦斯只好把它当成废铁卖掉。

　　经历这一次失败以后，大家都宣判了康斯坦斯事业的"死刑"，没人相信他的人生还能有出头之日。

　　康斯坦斯还是没有泄气，他仍不愿放弃自己的创业梦，依然想方设法地寻找出路……十年后，经过一番摸爬滚打的他成为一家公司的老总，名下的资产有三亿美元之多。许多人对他苦难的经历和富有传奇色彩的创业路津津乐道，媒体也争相来采访他。

　　有一位记者问他："康斯坦斯先生，您花了几十年的时间才有了今天的成就。我想知道，在那些艰难的岁月中，是什么力量支撑着您一直走下去呢？"

　　功成名就的康斯坦斯淡然地说："在读书的时候，老师说过，哈佛大学有这样一句名言：'谁也不能随随便便成功，成功来自永不放弃的个人毅力。'从此，这句话就成了我的座右铭。每当遭受挫折的时候，我都会想起这句话。所以，不管多么艰难，我都不会对自己的梦想轻言放弃。"

　　你是否对蝴蝶翩翩的美丽情有独钟？但是若没有破茧时的坚持，

怎么可能有化蝶时的惊艳？你是否在向往一览众山？若失去了攀登时的坚持，又怎么可能有登顶时的豪情？没有谁的成功是轻而易举便能得到的，未曾经历过长时间历练与坚持的人是不可能站在成功的巅峰受众人仰望的。

著名成功学大师卡耐基说："烹调成功的秘方就是把抱负放到努力的锅中，以判断做调料，再用坚忍的小火炖熟。"在冲向梦想的过程中，难免会遇到困难与挫折，一个人能否坚持下来，将会直接决定其是否能够品尝到成功的甜蜜。不断地努力，长期坚持，唯有如此，你的人生道路才会拥有更加美丽的风景。

哈佛人生智慧

哈佛毕业生西奥多·罗斯福最终成为美国总统、站在权力之巅时，发出了这样的感慨："有一种品质能够令一个人在碌碌无为的平庸之辈中脱颖而出。这种品质并非天资，更不是教育，而是坚持。有了坚持，一切皆有可能。否则，连最简单的目标都会显得遥不可及。"这一成功法则后来也成了哈佛校训之一。没有哪一种品质会像坚持一样，让你拥有如此多的成功机会。

LESSON 3

身边的朋友，是无形的财富

  哈佛大学医学院教授乔治·理查兹·迈诺特曾将自己长期的研究结论告诉英国广播公司记者。他认为，亲密无间的友谊是快乐、长寿的关键。友谊虽然不能直接给你带来利益，但它是一种无形的资产，是一笔潜在的财富，是关键时刻可以依靠的一棵人脉之树。多交朋友，少树敌人，对每个人而言都是有意义的忠告。

1. 同理心是最亲密的心灵对话

圣诞节的时候，母亲带着年仅四岁的儿子一起去街上买礼物。

街上四处回响着美妙的圣诞赞歌，橱窗里装饰着各式各样的彩灯，被乔装打扮过的小精灵们也在可爱地载歌载舞，一切都是那么祥和与美好。

看到这些，母亲有些激动："我的儿子该以多么兴奋的心情来观赏这个绚丽的世界啊！"没有想到的是，儿子却一直紧绷着脸，死死地拽着她的衣角。在街上行走了一会儿之后，儿子竟然呜呜地哭了起来。

"亲爱的，你怎么了？如果你总是这么不高兴的话，圣诞老人可不会送礼物给你了！"

儿子强忍住眼泪："我……我的鞋带开了。"

母亲微微一笑，拉着儿子走到人行道边上，蹲下身来，为他系起了鞋带。无意间，这位母亲抬起头来，却惊讶地发现：在这个高度的视线上什么都没有！没有漂亮的橱窗，没有迷人的彩灯，没有美丽的圣诞礼物，没有可爱的小精灵……原来，那些东西摆放的高度远远超过了儿子的身高，孩子什么也看不到，他能看到的，只有一双双匆匆走过的脚踝与妇人低低的裙摆在那里互相碰撞。

母亲被自己的发现震惊了："这真是可怕的情景！"她第一次从四岁儿子的高度去观察这个世界，却没有想到只带来了失望。她立即将儿子抱了起来，让他可以与自己一样，看到更美丽的街景。

在这个世界上，有太多的人不习惯或者不曾想过要让自己站在他人的角度看待问题。大部分时间里，人与人之间那些面红耳赤的争吵完全是可以避免的。避免争吵的法宝就是学会换位思考，让自己经常站在他人的角度去想一想。在我们的日常工作与生活中，难免会遇到与他人意见不统一甚至对立的时刻，这时双方应本着商量与探讨的原则来解决问题。唯有如此，才能让误会与怨恨减少。

美国管理学家玫琳·凯在出名以前参加了一堂销售课程，演讲者是一位很有名望的销售经理。玫琳·凯非常仰慕他，希望和他握手，为此她不惜排着长队。可是当她面对这位销售经理伸出双手时，对方却没有看她，站起身走开了。

这件事让玫琳·凯非常受伤，但她没有因此记恨那位销售经理，反而由此感觉到了同理心的重要性。在成为千万人的偶像之后，她也不停地参加各种演讲，并且每次都珍惜和重视与别人握手的机会。每当感到劳累和疲倦的时候，她就会想起自己当年受伤的情景，她认为那些排队等候的人和当年的自己一样。出于同理心，她担心自己的无心之失会伤害到别人。

玫琳·凯每次都会尽可能地让对方感受到她的热情和真诚。只要是和她握手的人，她都会把对方当作重要的人。正因为懂得替别人着想，玫琳·凯一直以来都受到人们的尊重和追捧。

同理心既是一面自我监督的镜子，也是维持和改进交际关系的重要保障。有时候，人很容易迷失自我，不能正确地定位自己，结果影响了自己和别人的交际关系。而事实上，别人眼中的自己才是真正的自己。所以要学会从别人的角度和立场来看待问题、分析问题，并据此改进自己，以期达到他人眼中的那个形象要求。不懂得对方心里的真实想法，就不会知道自己在对方心中的位置和形象，也就不能够改变自己的缺点和错误，那么双方的交流情况也一定不会得到改善。

> **哈佛人生智慧**
>
> 　　不懂得换位思考、一味地将自己的想法强加于人的人很难体会到爱和美好，并且往往会由于发出的声音不受他人重视而备受打击。的确，无论是在工作中还是在日常生活中，凡是有同理心的人都善于体察他人的意愿，乐于理解和关心他人。这样的人最容易被人欢迎和信任，也最容易体会到爱和美好。

2. 主动结识朋友

　　一位培训师经常给他的新学员讲述同一个故事：他曾有幸被邀请参加美国著名推销员乔·吉拉德关于人脉的演讲会。演讲前，培训师不断地收到乔·吉拉德助理发过来的名片，到场的几千人也是如此，每个人都收到了好几张乔·吉拉德的名片。更令人惊讶的是，演讲开始后，乔·吉拉德的第一个动作就是把自己的西装打开，撒出了至少3000张名片。当名片纷纷扬扬地散落在人群中时，现场的观众都为之躁动起来。这时，只见乔·吉拉德微笑着对台下的观众说："大家好，这就是我成为世界第一推销员的秘诀。好了，演讲结束！"

　　人们总是习惯于在成功的前面附一长串的条件，殊不知成功的秘诀有时候很简单，就是随时随地积累身边的朋友，把它当作吃饭穿衣一样

LESSON 3
身边的朋友，是无形的财富

自然的事情。松下电器创始人松下幸之助说："一个人的成功就是他人际关系的成功。"因此，在你认识别人的同时，也把自己推销出去，这是一件利人利己的事，又何乐而不为呢？

西班牙伟大的画家毕加索有一次去理发店理发，当时天气特别冷，而且下着雨。毕加索走进理发店时，冷得直打哆嗦，这时一个叫阿里亚斯的年轻理发师认出了这位大名鼎鼎的画家，于是走上前来关切地说："先生，您穿得这么少可不行，天太冷了，会生病的。如果您不嫌弃的话，不妨先披上我的衣服。"对于理发师的关切，毕加索十分感动，就和对方攀谈起来。后来毕加索每次都专门来这里理发，两人渐渐成为朋友。富裕的毕加索经常邀请阿里亚斯去家中做客，有时让阿里亚斯在画室里给自己理发，甚至送对方一辆轿车用来代步。虽然两人相差28岁，但友谊日渐深厚。阿里亚斯甚至把毕加索当成"第二父亲"，总是时刻维护毕加索，不允许任何人污蔑和攻击他。毕加索死后留给阿里亚斯50幅画，不过阿里亚斯将画全部捐给了博物馆。阿里亚斯因为一句主动关怀的话语而结交上世界闻名的大画家，如果当时他怯于和毕加索交流，想当然地认为大画家不可能把像自己这样一个贫穷的理发师放在眼中，就不会产生这段闻名于世的珍贵友谊。

不管处在什么样的环境，做着什么样的事情，你都在以各种方式与别人发生着关联。你的人脉越广，你的路越好走；相反，如果你的人际关系不是很好，那么你的成功之路也不会平坦。

比尔·盖茨说："一个人最好不要靠自己的百分之百的力量，而要靠一百个人每人百分之一的力量。"所以说，每个人想要成长，也要学会借助他人的力量。而且在关键时刻，他人或许可以解决你的燃眉之急。

俗话说"千金易得，知己难求"，要想交到知己，必须有积极的意愿。沉默不会招来别人的关注，所以除非你足够主动，否则将不会与别人产生任何交集。

> **哈佛人生智慧**
>
> "成功的第一要素是懂得如何搞好人际关系。"这是哈佛大学毕业生、美国前总统罗斯福的一句名言。如果你是一位非常优秀的人，也不要因为自己拥有卓越的才能而孤芳自赏。学着更好地与他人交往，扩大交友圈，这样你也会离成功更近一步。

3. 学会互惠，才能双赢

罗比是一位律师，为了实现心中的梦想，一直努力着、奋斗着。在这个过程中，罗比精打细算，不浪费任何人力资源，自然也不会放弃任何机会。无论大事小情，他都要求自己保持领先状态，绝不允许他人比自己多走一步。慢慢地，罗比如愿以偿，成为律师事务所的首席律师。

在收获名誉的同时，罗比也获得了丰厚的收入。名声、财富都拥有之后，罗比却觉得很失落，因为他没有一个朋友，并不快乐。律师事务所的同事都对他敬而远之，没有人愿意和他做更进一步的接触。罗比很孤独，他仿佛成为办公间的一座"孤岛"。最后，他患上了轻度忧郁症。

为了寻找朋友、寻找快乐，他来到了心理诊所。心理治疗师听了罗比的叙述后，为他开出的诊疗方案为：尽力帮助别人。罗尼拿到"药方"后很不理解，但是他照做了。

几个月后，罗比回到心理诊所，此刻的他好像换了一个人。罗比笑着感谢治疗师，他说："回去之后，我试着帮助同事，渐渐地，同事们也愿意接纳我。每个周末我都会和大家一同出游、聚会，这种感觉真的太奇妙了！"

主动帮助别人是向对方示好的一种表现，"来而不往非礼也"，出于人情世故以及礼仪的特定要求，对方一般都会及时做出回应，双方可以借此建立起交际关系和信任关系。因此，多数时候，想要结交他人，自己首先需要主动向他人示好。最常见的方式就是主动去帮助别人，无论有意还是无意，这种行为往往会换取对方的信任。也因此，人们会把"投桃"的示好行为当成结交朋友的手段。

"二战"中，德国绕过马其诺防线，大举进攻法国。法国士兵面对德军的突袭完全陷入慌乱，无法做出有效的抵抗，他们知道大势已去。为了保证大部队能够及时转移，以保存将来抗战的实力，一小部分法国军队开始充当阻击部队，希望拖延德军的进攻速度。

马歇里是一名刚从军校毕业的士官，他和其他少部分士兵一样担负起掩护主力部队撤退的任务。他在德军飞机的轰炸中救下了正在逃亡的青年洛里。为了报答马歇里的恩情，洛里决定随这位年轻的士官一起出生入死，但是马歇里以其年纪太小为由拒绝了他的请求。遭到拒绝后，洛里并不甘心。后来他得知马歇里的家中还有一位双目失明的老母亲，战火即将蔓延到那里，可是马歇里无法离开战场，只希望有人替他照顾母亲。

洛里了解情况后，当天夜里就动身前往马歇里的家乡。两天后，他找到了恩人的母亲，并带她躲进了地下室。法军和英军在敦刻尔克成功大撤退后，马歇里和同伴们也顺利完成了任务。当他回到家后在废墟中见到了扶着母亲的洛里，他的眼眶湿润了，紧紧抱住了洛里和母亲。此后，马歇里与洛里成为生死之交。

懂得满足别人，并施人以幸福，对方才会愿意同你一起分享幸福。实际上，你懂得满足对方，对方才能愿意满足你。这是一种情感的互换，在互换过程中感情往往会变得更加深厚。

哈佛人生智慧

哈佛大学泰勒·本·沙哈尔博士说："如果想得到朋友给予的快乐，那么你要不停地向朋友输出快乐。"互惠是一门交际艺术，只要读懂这门艺术，学会多投入、多付出、多奉献，以大度的胸怀来进行人际沟通，长此以往，就会拥有更多的朋友以及更为广阔的人脉。

4. 不要忽视身边的小人物

诺贝尔文学奖获得者萧伯纳在一次作家联谊会上出尽了风头。人们都争抢着与他握手，能够与他合影留念的人也都是一些颇具名气的作家。会场上有一位端庄典雅的女作家引起了萧伯纳的注意，因为她并没有主动过来与萧伯纳打招呼，甚至都没有向他的方向看上一眼。也

LESSON 3
身边的朋友，是无形的财富

许是出于炫耀的心理，萧伯纳向那位女作家走去，主动与其打了招呼并告知对方自己的姓名。女作家微微一笑，礼貌性地点了点头，并通报了自己的姓名。于是，萧伯纳与这位毫无名气的女作家聊了起来。

两人交谈得十分愉快，当萧伯纳要离开的时候，他对那位女作家说："回去之后一定要告诉你的家人，你今天和世界著名的萧伯纳交谈。"女作家听了莞尔一笑，然后认真地说道："你回去之后也要告诉你的家人，你今天和女作家喀秋莎共进了晚餐。"

听了女作家的话，萧伯纳顿时面红耳赤，他被这个小人物所说的话震惊了。后来，萧伯纳将这件事当成教训铭刻在心中，他时刻告诉自己："每一个人都值得尊重，即便是那些不起眼的小人物。"

哈佛大学前校长劳伦斯·萨穆斯为人谦虚、谨慎，他认为每个人都不应该被忽视。他经常教育学生："在校园中，同学和老师值得你去尊重；在生活中，朋友、父母值得你去尊重；在职场中，上司和同事同样值得你去尊重。"然而，生活中有很多人只尊重身边的大人物，忽视甚至轻视身边的小人物。这种人不懂得用发展的眼光看问题，更不懂得一个重要的道理，就是很多大人物一开始也是小人物。

萧何算得上是一个成功的"投资家"。当年刘邦只是沛县一个小小的亭长，完全是一个没有任何背景的小人物。萧何颇具眼光，他看刘邦谈吐不凡，认为刘邦绝非凡人，如果时机成熟，一定会成为人中龙凤，为此萧何故意接近刘邦。某次刘邦带领劳工前往咸阳服徭役，临行前各位乡绅小吏统一赠送刘邦三钱，只有萧何给了刘邦五钱，以示情分上的高下深浅。这在当时已经是极大的人情，刘邦当然也知道，于是开始对萧何区别对待，并对他留下很深的印象。

刘邦称帝后，拜萧何为相国，并奉其为开国第一功臣，萧何的宗族也得到封赏。后来刘邦告诉身边的侍臣自己这样做的原因："以尝繇咸阳时何送我独赢钱二也。"萧何的长线"黑马"投资起到了很好的效果，由此可见他的观察力和交际能力的确出类拔萃。

没有人会是绝对的优胜方，除非结果已经出来。小人物也可能成为大赢家，而且相对而言，小人物中的"黑马"更值得交往。他们获得成功要更加困难，成功的含金量也相对较高。或者说，小人物中的"黑马"往往具备更大的价值。因此，我们应该学会欣赏和尊重小人物，并结交一些具有优秀品质和长处的小人物，这不仅可以体现出我们所拥有的高素质和修养，还可以为将来的成功增加砝码。

> **哈佛人生智慧**
>
> 在这个世界上，没有人应该被忽视。不分高低贵贱，不分年龄层次，所有人身上都存在宝贵之处。一个懂得尊重他人、对所有人一视同仁的人才会赢得大家的尊重和信任。

5. 了解他人，赢得好感与信赖

圣诞节的前一天，在美国的一座小城里，乞丐们正在举行一场聚会。会上，他们将要选举一位最善良、最令他们感动的人。最后，他们会把一个由大家共同编织的象征"善良天使"的花环送给这位善心人士。

选举开始，有人提名一位肚子圆圆的工厂主，因为他出手总是很阔绰；有人提名一位餐厅老板，因为他总是无比慷慨地施舍给他们美味的面包和菜汤；也有人提名一位德高望重的医生，因为他经常免费给大家治病……正当大家各执己见、争论不下的时候，一个瘸腿的女孩站起来说："我觉得，莎丽大婶更适合当'善良天使'。"

女孩的话音刚落，便立刻有人站起来反驳道："莎丽大婶？那个穷人！她从来没给过我一片面包，更别提给我一美分了。"

女孩辩解道："那是因为她没有钱。可是，她给了我们用钱买不到的东西。她每次路过我身边，都会对我抱歉地微笑，并说：'对不起，我实在没有什么可以给您。'她给了我们微笑和尊重，这是我们最需要的，也是别人从来没有给过我们的，这难道还不够珍贵吗？"

听了女孩的话，乞丐们陷入沉默。一会儿，热烈的掌声便响起来，大家一致同意将"善良天使"的桂冠授予穷人莎丽大婶。

在大家眼里，乞丐要的无非是金钱或食物。可是，谁又能体会他们的真正需要？和富有的人一样，他们的尊严同样需要维护。正如女孩所说，微笑和尊重是用钱买不到的。每个人都有需要，但每个人的需要又是迥异的。比如，一些成功人士的需要可能和常人大不一样呢！

矿冶工程师吉米毕业于美国耶鲁大学，在德国弗莱堡大学获硕士学位。有一次，他到美国西部的大矿主布鲁克那里应聘。

布鲁克是个自负而刁钻的人，他本人没什么文凭，靠自己的智慧和技能起家，所以一贯瞧不起那些有文凭的人。在布鲁克的办公室，当吉米递上自己的文凭时，布鲁克却连看都不看一眼，并嗤之以鼻地说："抱歉，我这里需要的是实干家，而不是拿着文凭的草包。哼，德国弗莱堡大学的硕士？你以为你那满脑子的理论有用吗？我告诉你，完全没用！"

吉米好不容易缓过神来，终于搞清楚眼前的状况，原来这位大矿主很排斥文凭高的人。他脑子飞快地转了一下，而后故作神秘地对布鲁克说："如果你答应我不告诉我父母的话，我就和你分享我的一个小秘密。"

布鲁克本就是个好奇心重的人，听到这话，马上来了兴趣，表示会替吉米保守秘密。于是，吉米故意小声地说："其实我在弗莱堡大学并没有学到什么，相当于混了三年的日子。要知道，再在那里多待一天我都会疯的。我之所以坚持到毕业，只是因为我的父母对我寄予了厚望，我不忍心辜负他们罢了。"

布鲁克听了，露出笑容来，他觉得吉米诚恳而有趣，于是同意他第二天来上班。

不得不承认，布鲁克的喜好有点儿让人无言以对。不喜欢高学历员工的老板估计也为数不多吧。可是，正如吉米一样，为了得到工作的机会，你又不能不认同他的喜好，并遵照他的喜好来管理自己的言行，否则就是和自己的前途过不去。所谓"识时务者为俊杰"，很多时候，能够恰当表达，赢得他人信赖，也未尝不是好办法。

了解他人，在我们的人际交往中是极其重要的。如果我们能够了解并尊重对方的观念和爱好，便会首先给人留下一个好的印象，从而成功地迈出与之建立友好关系的第一步。一旦对方对你有了好感，接下来的事也就容易水到渠成。

> **哈佛人生智慧**
>
> 哈佛大学MBA、日本声名远播的顶级猎头冈岛悦子说:"只有了解大家的兴趣,投其所好,才能产生沟通和交往的契机。"所以,如果你能够多体谅他人,尽量尊重他人的爱好,并在他人感兴趣的事情上多做交流和沟通,让他人感受到你的细心和真诚,这样就会让他人从心里接受你、认同你。

6. 看破不说破,给人留面子

林肯年轻的时候不仅喜欢评论是非,还经常写诗讽刺别人。他会把写好的信丢在当事人经常走过的地方,使对方很容易就能够发现。然而,有一件事使他摒弃了这种随意批评别人的毛病。

有一年秋天,林肯发现政客詹姆士·希尔斯傲慢自大,于是写了一篇文章嘲讽他,并发表在《春田日报》上。这篇文章很快便在当地传开,希尔斯顿时成了人们的笑料。自负且敏感的希尔斯当然无比愤怒,于是他千方百计调查写信的人。当希尔斯知道是林肯在背后说他坏话时,立刻找到林肯,并下战书要求决斗。林肯尽管不喜欢决斗,但迫于情势、碍于面子也只好接受挑战。

接下来的几天里,林肯十分苦恼,他一面请人帮忙调解,一面准备武器学习剑术。很快便到了决斗的期限,林肯被迫与希尔斯在密西西比河岸碰面。就在两人准备决斗的时刻,有人及时赶来劝阻,一场悲剧才得以避免。

这是林肯终生最惊心动魄的一桩事,但也让他懂得了与人相处的艺术。从此以后，他不再写信或文章骂人。即便发现别人的缺点和错误，也不会很直接地批评指出。他会以委婉的方式让对方认识到自己的问题，给对方留足面子。

每个人都有自己的交际圈，都会将自己的形象展现在众人面前，人们会尽可能塑造自己良好的社交形象。在这种心态的支配下，你刁钻地戳穿别人的小伎俩、小把戏，嘲讽别人的小缺点、小错误，会对别人造成加倍的伤害。

三国名将关羽过五关，斩六将，温酒斩华雄，匹马诛颜良，偏师擒于禁，擂鼓三通斩蔡阳。"百万军中取上将之首，如探囊取物"，可谓英雄。然而，这位叱咤风云、威震三军的大人物，下场却很悲惨，被吕蒙一个奇袭，兵败地失，还丢了脑袋。

关羽兵败最直接的一个原因是吴蜀联盟破裂后，吴主孙权兴兵奇袭荆州。吴蜀联盟破裂的原因很复杂，但是与关羽也有着密切联系。

诸葛亮离开荆州之前，曾反复叮嘱关羽，要东联孙吴，北拒曹操。但关羽对这一战略方针的重要性认识不足。他瞧不起东吴，也看不上孙权，致使吴蜀关系紧张起来。

关羽驻守荆州期间，孙权派诸葛瑾到他那里，替儿子向关羽的女儿求婚，以"求结两家之好""并力破曹"。这本来是件好事，关羽却没有利用这个大好机会，他狂傲地说："吾虎女怎肯嫁犬子乎？"

政治婚姻原本就带有极强的功利性，关羽看透了这一层，不买账就罢了，还出口伤人，骂了孙权和他儿子。这话传到孙权耳朵里，让孙权颜面大失，吴蜀关系破裂，而关羽终于倒在"犬父子"的刀下。

LESSON 3
身边的朋友，是无形的财富

所以，我们为人处世要明白"看破不说破"的道理。如果可以适时地为陷入尴尬境地、丢了面子的人提供一个恰当的"台阶"，让他挽回面子，你将立刻获得他的好感，同时为自己树立良好的形象。说个施瓦布的故事，让我们来看看他的手段。

一天，施瓦布走进自己的钢厂，看到几个员工正在车间里吸烟，而在他们头顶便悬挂着大大的"严禁吸烟"警示牌。施瓦布心里有些生气，但他并没有指着那块牌子对员工们说："站在这里吸烟，难道你们是瞎子吗？"相反，他朝那些人走过去，友好地给每人递上一支雪茄，并微笑着说道："孩子们，如果你们能到外面去吸这些雪茄，我将十分感谢。"那些吸烟的人立刻意识到自己的错误，并对施瓦布万分敬佩。

施瓦布没有简单粗暴地斥责员工，而是充分考虑到对方的自尊心，用委婉的方式指出他们所犯的错误。在这样的领导面前，谁还忍心不去努力工作呢？在指出别人错误的同时，还能保住对方的面子，对方必将十分感激。

哈佛人生智慧

人际交往时，你对别人伶牙俐齿，别人势必对你以牙还牙；你以揭别人伤疤为乐，别人肯定加倍地为你制造痛苦。只有给别人留足面子，多给别人台阶下，别人才会为你搭台。

7. 信守承诺，树立高大形象

哈佛大学出现过一次比较严重的诚信危机。事情是这样的：哈佛大学在学期结束的时候，给学生布置了一门课程的开卷考试，让学生们带回家去做，开学后再统一上交。开学后，老师在改卷时发现，近一半学生的答案是雷同的。学校认为这是学生互相交流、没有独立思考的结果，属于严重的作弊行为。

于是，哈佛大学将这件"家丑"公之于世，同时勒令60名涉及本次作弊事件的学生休学，30余名学生留校察看。那些被勒令休学的学生可在两至四个学期后向行政董事会申请复学，董事全票通过后方能重返校园。

针对此次事件，学校的官方声明表示，"学术诚信是教育的核心任务，哈佛对学术诚信十分重视，不能也不会容忍学术不端行为"。而哈佛大学的校长德鲁·福斯特也称："此次指控范围较大，证明我们仍需努力，以确保哈佛的每一名学生都理解并恪守哈佛大学学术圈的基本价值规范。"该事件一出，举世哗然。

哈佛大学这样的一流学府对诚信的要求如此苛刻，这也令我们深思：诚信的重要性可能超乎我们的想象。有时候，诚信还要上升到民族和国家尊严的高度。

中国著名的戏剧家曹禺在美国纽约做访问学者期间，有一次，他去参观向往已久的大都会艺术博物馆。在博物馆的门口，只见售票处的

LESSON 3
身边的朋友，是无形的财富

牌子上明码标价：成人票价 16 美元，学生票价 8 美元。他一时蒙住了，不知道自己这个访问学者算不算是学生，如果算是，自己又没有带学生证。犹豫了一下后，他拿出 16 美元并对售票小姐讲了一下自己的特殊情况。还没等他说完，售票小姐就微笑着递上票和找给他的 8 美元说："先生，我相信你所说的，因为中国是一个讲诚信的国家。"听了这话，曹禺内心受到了不小的震动。从那之后，他无论在什么地方都不忘讲诚信。

由此可见，诚信不但是个人的需要，有时候也关乎国家的尊严。不管是个人也好，集体也好，或者国家也罢，诚信都是其品格的标签。一个诚信的人或团体比较容易让人信服并在彼此的交往中为他大开绿灯；而对那些不讲诚信的人或团队，别人要么在交往之初就把他否定了，要么会让他吃很多苦头，走很多弯路。因为诚信是人与人交往的基础，一旦基础不牢固，别人便不敢轻易和你合作。

季札是春秋时吴国一位有名的公子，他德才兼备，誉满天下。有一次，他出使外国，路过徐国时，顺便与徐国国君会晤。席间，徐君看中了季札腰间的宝剑，希望季札能将宝剑赠送于他。可是，季札考虑到自己还有出使的任务，而佩剑是使者的必备之物，不能送人。于是，他当时没有表态，而是在心里下了决定：等完成出使任务，再回来将宝剑送给徐君。

季札牢记自己心中的诺言，在返回途经徐国时，他准备把宝剑赠予徐君，可是徐君却已经不幸去世。季札感到十分遗憾，便来到徐君墓前，把宝剑挂在他墓前的树上，完成了自己心中的承诺。

一个信守承诺的人，即使遇到再大的困难也决不食言，他会竭尽所能地去完成它，做到身体力行。这样的人口碑和形象都是极好的，而他的魅力也会于不经意间展露出来。信守承诺，能让你的生命焕发无尽的光彩。

在这个复杂多变、竞争日趋激烈的当今社会，一个人要安身立命，诚信是极其重要的。一个不讲诚信的人也许能一两次地侥幸蒙混过关，但是时日见长则会失了人心，难以在社会上立足。

> **哈佛人生智慧**
>
> 心理学家艾琳·卡瑟说："诚实是一种力量的象征，它显示着一个人的高度自重和内心的安全感、尊严感。"讲诚信是人与人交往的基本准则，是沟通人与人心灵的桥梁，是人们互建友好大厦的基石。作为社会的一分子，我们一定要讲诚信，因为这是对一个人的基本道德修养的要求。

8. 珍惜每一个帮助别人的机会

秦相吕不韦原先是一位富可敌国的大商人，在封建社会，商人的地位并不高，与经济实力完全不匹配，这种落差造成了商人尴尬的处境。吕不韦想改变自己的命运，达成从政的愿望。不过商人想要参与国家政事很困难，入仕无门让吕不韦十分苦恼。

某天他去赵国做生意，途经一家酒肆时，发现店家与一名拖欠酒钱的顾客发生了争执，喜好结交的吕不韦立刻上前替顾客解围，支付了酒钱，之后两人继续在酒肆里饮酒。当吕不韦得知这个落魄的人竟是秦国人质子楚时，不禁大喜过望。子楚在赵国非常失意，受尽嘲讽和凌辱，难得有人为自己仗义疏财，心中非常感激。此后，两个人便成交心的朋友。吕不韦得知子楚的困境，甚至提出愿意帮助子楚登上秦王之位，而他的目的也非常明确，就是希望借助子楚的力量实现自己从政的愿望。

之后，吕不韦回到秦国花钱帮助子楚疏通关系，使他得以回国。后来还通过收买秦王宠幸的华阳夫人，帮助子楚成为太子。秦昭王死后，子楚继任大统，成为秦王，吕不韦作为功臣自然也如愿成为秦相。

吕不韦的高明之处在于他乐于助人，他当年帮助子楚的举动或许只是性格使然。得知这人是子楚时，才开始有意地接近对方，拉近了与子楚的关系，最终把握住了这次珍贵的机会。

帮助别人也许不应该掺杂过多的功利性，人们更应该提倡无偿的奉献精神。不过在客观上，帮助别人一定会引起别人对你的关注，这是人的一种道德反应。所以，即便你只是无心地施以援手，但在对方看来，其中的情谊是同等价值的。你的有心或是无意并不妨碍对方的心灵感触。

美国老牌电影明星道格拉斯年轻时非常落魄，某次在乘坐火车的时候，他帮助一位女性把箱子搬上火车，没想到这一次的举手之劳却成为道格拉斯人生的转折点。原来这位女性是一位知名的制片人，她在与道格拉斯攀谈之后，决定帮助热心肠的他进入演艺圈，道格拉斯也因此迎来了发展的机会。

宽容待人、关爱他人的人一般有一颗包容的、仁慈的心。这样的人充满了正能量。爱的作用是相互的，当我们学会在生活中宽容待人、积极主动地帮助他人时，不但自己能体会到快乐，还会让他人感动，从而真诚地对待我们。这样一来，我们就处在一个充满温情的和谐环境，自然会有一份好心情、好状态。

花旗银行副总裁就善于把握每一次帮助别人的机会，无论对方身份贵贱高低，他都是有求必应。他相信，帮助一个人可能会产生数十倍的回报，因为帮助一个人可能会使自己在对方的交际群体中留下好的印象。正因为如此，他建立了广阔的交际网，为自己事业的发展打下良好的基础。

帮助别人是处理人际关系的一个重要手段，当你向别人伸出援手的时候，就在无形中拉近了双方的关系，获取了更多的信任感。社交的本质就是一种资源共享，所以当你付出自己的资源和价值时，同样会享有对方赠予的资源。

哈佛人生智慧

哈佛大学的一项研究显示：在生活中多去帮助他人，能让自己感到更快乐。哈佛学子将帮助别人看成自我情感满足的一种需要，他们提倡践行"助人为快乐之本"的主张，以得到心灵上的净化和满足。帮助别人会赢得对方的感激和尊重，也可能因此为自己增加一份人脉。人们应该珍惜每一次帮助别人的机会，因为这实际上等于给自己创造了发展的机会。

LESSON 4

时间是最宝贵的财富

时间是世界上最宝贵的财富。做任何事情，如果没有时间，计划再好、目标再高、能力再强，也是竹篮打水——一场空。浪费时间就等于浪费生命，不懂得利用时间的人永远不会成功。我们无法挽留时间，但我们可以珍惜时间。珍惜时间，最重要的就是合理有效地运用时间。我们要把"珍惜时间"这个观念深植心底，不虚度每一天。

1. 明确每日对待时间的态度

法国18世纪伟大的启蒙思想家伏尔泰给世人出过一个谜语:"世界上哪样东西是最长的又是最短的,是最快的又是最慢的,是最能分割的又是最广大的,是最不受重视的又是最受惋惜的;没有它什么事都做不到;它使一切渺小的东西归于消失,使一切伟大的东西生命不绝。"

人们冥思苦想也没有得出正确答案,直到后来有一位智者出现,他用以下的语言解开了这个谜:"最长的莫过于时间,因为它无穷无尽;最短的也莫过于时间,因为很多人的计划都没来得及实现;对于在等待的人,时间是最慢的,对于在作乐的人,时间是最快的;时间可以无限地发展,也可以无限地分割;当时谁都不加重视,过后谁都表示惋惜;没有它什么事都做不成;不值得后世纪念的,时间会叫人忘怀;所有伟大的,都会因时间而永垂不朽。"

在"钟表王国"瑞士的一所博物馆里有一个古钟,上面刻着这样一句富有哲理的词句:"如果跟上时间的步伐,你就不会默默无闻。"的确,当我们翻开人类科技发展史就会发现,人类的种种发明创造都是为了节省时间。火车代替了马车,电视取代了影剧院,计算机、激光的出现等,无一不是为了节省时间、争取时间和赢得时间。

时间的宝贵在于它的不可把握,它既不能被创造,也不能被存储。与时间相比,人的寿命极其有限。人的一生是消耗时间的过程,但是每个人对实际时间会有不同的利用和发挥方式。

珍惜时间就是珍惜生命,不要等到满头白发时才意识到生命的可贵。

LESSON 4
时间是最宝贵的财富

如果当我们年老体衰，留在这个世界上的时间屈指可数时，才对逝去的时间感到惋惜，对浪费的生命感到悔恨，又有什么意义呢？

本杰明·富兰克林说过这样一句话："记住，时间就是金钱。"他简洁明了地阐述了这样一个道理：只有重视时间，才能获取人生的成功。我们生活在一个高速变化的时代，高效、合理地利用时间，成为时间的主人，才是在现代社会取得成功的关键。

著名的科学家和政治家本杰明·富兰克林于1753年获得了哈佛大学的名誉学位。有一次，他接到一个年轻人的电话，对方请求见见他这个大科学家。富兰克林答应了年轻人的请求，并且约好了见面的时间和地点。

年轻人如约而至，而富兰克林的房门大敞着，他一眼就看到房间里乱七八糟的样子，这让他感到很意外。

没等年轻人开口，富兰克林就说："你看我这房间，太不整洁了，请你在门外等候一分钟，我收拾一下，你再进来吧。"然后本杰明就轻轻地关上了房门。

过了不到一分钟，富兰克林就又把房门打开了，热情地把年轻人请进客厅。这时，呈现在年轻人眼前的是另一番景象——房间内的一切都变得井然有序，桌子上还有两杯红酒，散发着淡淡的酒香。

年轻人感到很诧异，还没有把心中有关人生和事业的问题说出来，富兰克林就非常礼貌地和他碰杯了，并且说，喝完这杯酒他就可以离开了。

手持酒杯的年轻人一下子愣在那里，有些尴尬，充满遗憾地说："我还没向您请教一些疑问呢……"

"这些……难道还不够吗？"富兰克林一边微笑一边扫视着自己的

房间说,"你进来又有一分钟了。"

"一分钟……"年轻人若有所思地说,"我懂了,您让我明白了用一分钟的时间可以做许多事情、可以改变许多事情的深刻道理。"

一个人是否能成功与他对待时间的态度有关。要想成为一个成功的人,就要制定合理的时间管理标准,制定符合自己实际需要的时间表,对自己的时间进行合理的规划和预算。首先,要有一个明确的目标。没有目标地生活,时间就会漫无目的地从你身边溜走。其次,要有明确的时间管理流程,至少也应该有一个定期的检查,这样可以及时发现问题、解决问题。

> **哈佛人生智慧**
>
> 此刻打盹,你将做梦;而此刻学习,你将圆梦。哈佛大学的教授也经常这样对学生说:"只要大家对时间有一个好的态度,能够充分利用生命中的每一分钟,就能够实现自己的梦想。"我们每天所拥有的时间虽然比较短暂,但是如果把空闲的每一分、每一秒都利用起来,日积月累,一定能够做出不俗的业绩。

2. 专注于有效的工作

尼尔·西蒙是世界著名的编剧。曾经有媒体采访他时,问他有什么秘诀能够又快又好地创作出作品,问他是否有着什么过人的才能或智慧?他说,他只是秉承了"活到老,学到老"的创作原则,不间断地学习，汲取新鲜知识，从而创作出多部被世人奉为经典的作品。

在每一次学习时，他都会问自己："今天的学习状态好吗？有没有信心将这本书专注地看完？"在每一次创作前，他也会问自己："这个故事雏形值得我去做艺术加工吗？"如果给出这些问题的答案时稍显犹豫，他就会对自己说："此时的状态不适合学习，不要浪费自己的时间了"或者"鸡肋的作品根本不值得一写"，那么他就会把时间分配到别的地方。

如果我们认为当前的学习状态或者某一项学习内容不值得浪费很长时间，那么即便我们勉强去学习，也会保持敷衍了事的态度，学习效率低下，成功的可能性就很小，此外还会浪费大量的时间和精力。这就是"不值得定律"。为了避免成为"不值得定律"的受害者，我们在学习和做事的时候一定要专注有效地工作，避免无意义的行为。

布莱曼是一家跨国公司的员工，公司总部位于西雅图。大学毕业后，布莱曼在求职上没有费多少周折，就顺利地进入这家著名的跨国公司。因为她精明能干、善解人意，所以很受老板的赏识。进入这家公司不久，她就由普通员工升为经理助理。

为此，她更加努力，每天都把工作做得井井有条，为经理省了不少时间。同事们对她的印象也极佳，都乐意与她交往。

在这家公司，布莱曼工作起来得心应手，心情也很舒畅。与她同时毕业的同学当中，她是做得最出色的，所以经常有一些同学打电话来询问她一些关于工作上的事情。

热情的布莱曼每当接到电话的时候，就积极地帮助他们出谋划策，解决工作中遇到的问题。这样一来，她就无法专注于本职工作。经理也为此批评过她，说她这么做虽然帮助了她的同学、朋友，甚至对提高公司其他人员的工作能力都起到了非常好的作用，但是这些事情对她来说都是无效的，这些无效的事情早晚会影响到公司和她的大事。

但布莱曼觉得如果不这么做好像有些对不起自己的同学、朋友，所以她依然我行我素，每天忙忙碌碌的，热心地做着原本不该她做的分外事。

有一次，公司的老总打电话过来，结果布莱曼的电话一直占线。而这一次老总是要通知布莱曼的经理参加一个重要的会议，共同商讨一个重要的合同。结果，老总等了半个多小时才把电话打进来。占线的原因是布莱曼接了一个电话，在热心地帮助别人，做一些无效的事情。

此后不久，公司老总发给布莱曼一份传真，说她很出色，也很努力，但是她没有清醒地意识到哪些工作是她的分内事，哪些事情是无效的工作。他希望自己的员工是能专注于有效工作的人。

后来，这家公司在招聘时，面试题中多了一项——你认为什么样的工作才是有效工作？

哈佛大学的一位教授认为，一个人能够集中精力的最大时限平均是90分钟。以早餐会、讨论会、写作、演讲等为例，这位教授认为能够集中精力全力以赴的时限在一两个小时之间。但是并非每个人集中精力的最大时限都能达到90分钟，况且，一个人学习的内容也会影响到集中精力时间的长短。如果一个人对一项任务比较感兴趣，那么他可能维持两三个小时的高效率工作。

每个人都应该合理地安排自己的时间，把最大的精力投入最重要、最有效的任务中去，对一个渴望在学习和工作中有卓越表现的人来说更是如此。

> **哈佛人生智慧**
>
> 一位哈佛大学教授经常对学生说:"如果将学习任务看成一座山峰,那么科学的方法相当于攀登山峰的捷径。"如果不能专注于有效的工作,就会产生很多无意义的行为,白白地做了无用功。因此,要想学习好,有成果、有意义的行为才是最需要重视的。

3. 消灭"拖延"这个时间窃贼

　　山德士上校是美国肯德基快餐连锁店的创始人,他创办肯德基的时候已经60多岁。当时的他身无分文,独自一人生活,只能靠微薄的救济金来维持生活,内心十分沮丧。但是,他没有怨天尤人,而是心平气和地问自己:"我活着还能为人们提供什么帮助吗?"他苦思冥想,终于想到自己有一份炸鸡的秘方,吃过的人都很喜欢。他思考着如果能把这份炸鸡的秘方卖给餐馆,餐馆的生意一定会非常红火,而自己也会有不错的收入。

　　好点子也许每个人都会有,很多人只是想想罢了,但是山德士与其他人不同,他想好后立即采取了行动。他走进每一家餐馆,把自己的想法告诉他们:"我有一份秘传的炸鸡秘方,味道非常好。如果你们采用,生意一定会更好,而我希望能够从增加的营业额中提成。"那些餐馆的老板有的比较委婉地拒绝了他,有的直接拒绝了他。有的人还嘲讽他:"嘿,老家伙,如果你真的有这么好的秘方,为什么你还穿得这么破破烂烂呢?"

　　山德士上校并没有失去信心,而是立即采取下一步行动。他更精心地准备自己的说辞,试图用更有效的方法说服下一家餐馆的老板。

两年的时间过去了，山德士上校终于说服了一家餐馆的老板接受他的秘方。在这两年的时间里，他驾驶着他的那辆老爷车走遍了美国的每个城市。在那家餐馆的老板接受他的建议前，山德士上校足足被拒绝了1009次。

山德士上校拥有的不仅仅是一份炸鸡的秘方，更是一种成功的秘方——决不拖延，不断地付诸行动。

美国作家奥格·曼狄诺常常告诫自己："我要采取行动，我要采取行动……从今以后，我要一遍又一遍，每一小时、每一天都重复这句话，一直到这句话成为像呼吸一样的习惯。而跟在它后面的行动，要像我眨眼睛那种本能一样。有了这句话，我就能够迎接我的每一次成功；有了这句话，我就能够迎接我的每一次失败。"

一个人要想实现自己的目标，追求事业的成功，就不要拖延，要立即行动。如果你在梦想产生之后没有立即采取行动，就可能失去成功的机会。

生活中，很多人之所以会失败，一个重要的原因就是办事经常拖延，不能迅速地解决问题。有很多有利的机会都在犹豫不决、左思右想的时候失去了。因此，拖延是成功者最忌讳并且急需改掉的恶习。

在世界花样滑冰史上，斯科特·汉密尔顿称得上是一个传奇。他曾在1981年到1984年中，连续四次获得世界花样滑冰锦标赛男子单人冠军。而他在谈及自己的成功时，淡然地说："我只是把握住了每一分每一秒，一旦确立目标和方向，我就会立即付诸行动。"

在这里，他没有讲到自己的天赋，没有讲述自己的坚强，没有过多地描述自己的努力和刻苦。他认为，成功的重点只有一点，就是执行力,一种快速行动不拖延的执行力。汉密尔顿回忆说,在年幼的时候,他总是看到自己的母亲非常刻苦地读书,当时她还是一名中学教师,却一直想要去大学任教,为此她通过自学来提升自己的能力和水平。

汉密尔顿非常好奇地问母亲为什么非要那么拼命地看书,明天看不行吗?母亲意味深长地说:"上天给你的生命不过是许多个分钟,而且是有限的。从你出生那一天开始,你就只有这么多分钟的生活,并且无时无刻不在减少。因此,一旦你准备行动,就必须好好利用每一分钟。"

听了母亲的话,汉密尔顿受到很大的启发。他过去一直想要成为一个出色的运动员,却一直拖延执行计划,以至于浪费了太多的时间。从此以后,他开始争分夺秒地练习和提高技术,并最终成为世界冠军,而他的母亲也如愿成为大学的副教授。

成功的人大多是具备时间观念的人。因此,我们不要总是幻想着得到结果,不要总是把希望寄托在下一刻。要知道,任何成功都开始于这一刻,而"下一刻的成功"只是一个永久的梦想和幻念。人生拖延不起太多的明天和后天,也没有多少个下一分钟值得等待。

拖延往往只会让我们一事无成。因此,要想成功,就应该坚决果断地行动,就应该有强大的自控力和自我要求的能力,想做的事情一定要在第一时间付诸实施,尽可能地在最短的时间内完成。

哈佛人生智慧

不要把今天能做的事情留到明天去做。要彻底消灭"拖延"这个时间窃贼,就必须养成遇事马上做、日清日新的好习惯。总把今天的事情推到明天去做,只会虚度年华。

4. 精确地计算时间，合理地统筹时间

美国波士顿大学教授亚历山大·贝尔当年在研制电话时，一个叫伊莱沙·格雷的人也在研究。两个人几乎同时取得突破，但亚历山大·贝尔比伊莱沙·格雷提前两个小时到专利局申请了专利。当然，两人当时都不认识对方。亚历山大·贝尔因为早了两个小时而一举成名、誉满天下，同时获得了巨大的财富，而伊莱沙·格雷却不为人所知。

亚历山大·贝尔的成功告诉人们：谁快谁就能赢得机会，谁快谁就能赢得财富。无论相差两个小时还是两秒钟，即便差之毫厘，结果也会有天壤之别。然而在现实生活中，几乎每个人在一天当中都会有一小时是在毫无意识、茫然中度过的，很多人没有真正理解时间的意义。有一个"剪时间尺"的游戏可以向人们阐明时间的意义。

首先，你要准备一把80厘米的软尺。假如你有80岁寿命，那么软尺上的每一厘米就代表1年。1岁到20岁是你不能自主支配的，裁下不看。60岁到80岁是老年时期，你会处于退休或半退休状态，也可以裁下不看。现在你的软尺上只剩下40厘米，它所代表的40年是你一生的黄金时间。

人每天平均睡眠时间为8小时，一生中睡眠时间占了三分之一。40年除去睡眠时间便仅剩下27年了。当然，仅剩的27厘米还没有裁完。我们一日三餐平均要2.5小时，40年中大约要耗费4年时间在餐桌上，所以请把软尺再裁去4厘米，现在还剩下23厘米了。

LESSON 4
时间是最宝贵的财富

接下来是我们每天用于交通方面的时间，平均为 1.5 小时，用于闲谈或打电话的时间大约为 1 小时，用于看电视的时间大约为 3 小时。如此计算下来，40 年中要花费 9 年在这些事情上。现在，软尺仅剩下 14 厘米了。也就是说，我们一生中最为宝贵的时间只有 14 年。

时间一分钟一分钟地被浪费了，就如同水桶底部有条小裂缝一样，也许你不会注意到有水流出，可当你发现的时候，水已经漏光，结果跟有意把水倒掉一样。时间就这样从"小"处溜走了。

霍华德·加德纳博士是哈佛大学教育研究生院认知心理学、教育学的教授。他有一名叫泰诺的学生，虽天资聪颖但学习节奏却松松垮垮。泰诺不仅容易受到外界干扰，而且学习效率极低。为此，泰诺苦恼地找到了加德纳教授，希望从他那里寻求帮助。

"我什么话也没有对泰诺说，只是将他带到图书馆，让他看了看'不计划，便失败'这条警句，"加德纳教授回忆道，"泰诺仿佛突然顿悟，他欣喜若狂地跑了出去，甚至忘了对我道谢。"说到这里，加德纳教授忍不住微笑起来。

"有了学习规划的泰诺仿佛变了一个人，他将每一天、每一周甚至每一个月要学习的内容统统罗列出来，然后按照自己可支配的学习时间详细规划出来，并促使自己严格按照规划行事，令学习成绩逐步获得提升。"提及如今的泰诺时，加德纳教授十分欣慰。

精确地计算时间、合理地统筹时间等同于绘制每一天的蓝图。只有脚踏实地，有计划、有步骤地去学习，才能提高学习效率，减少时间和精力的浪费，尽快达到目标。因此，制作一份翔实的时间规划书是每一个渴望成功的人必须要做的一件事情,它相当于进步的阶梯,帮助你一步步走向成功。

　　一个人的生命是有限的,能力、精力也是有限的,不可能将面对的每件事不分轻重缓急统统做完,特别是一些无关紧要的、既耗费精力又浪费时间的事情,如看电视、玩游戏等。一个人置身于纷繁芜杂的世间万象,就要学会有所为、有所不为,合理统筹自己的时间,不要等到事已临头或者机会即将溜走时才去懊悔。

> **哈佛人生智慧**
>
> 　　"不计划,便失败。"每一个成功的人,都是珍惜时间、善于利用时间的人。懂得计划时间、科学支配时间的人,可以把每天的 24 小时变成 25 小时甚至更多。

5. 要像钟表一样准时

　　美国亿万富翁范德比尔特是著名的航运、铁路、金融巨头。一次,他约了一个年轻人上午 10 点到他办公室谈话。此前,这个年轻人曾委托范德比尔特替他介绍一份工作。这天,范德比尔特打算在谈话之后领他去见一位铁路总办,因为铁路上正需要一个职员。年轻人在 10 点 20 分的时候到了范德比尔特的办公室,但范德比尔特已经不在办公室,去赴另一个约会了。

　　几天后,年轻人请求再次约见范德比尔特。范德比尔特问他上次为何没有来?年轻人回答说:"先生,我当天 10 点 20 分到的。"范德比特立刻提醒他："但我是约你10点来！"

"是的，我知道。我只晚了一会儿而已，也没什么要紧的吧。"年轻人支支吾吾地说道。

"不！"范德比尔特严肃地说，"能否准时，是考察一个人十分重要的标准。你不能准时，所以就失去了你想得到的位置。因为就在那一天，铁路上已经录用了一个职员。而且容我告诉你，年轻人，你没有权利这样轻视我20分钟时间的价值而劳累我在这段时间里苦苦等你。在这个时间段，我已经赶赴另外一个重要约会了。"

与这个年轻人一样，很多人曾因为不能守时而失去了拥有成功的机会。因为一个不守时、经常迟到的人，其信用度必定小得可怜。这样的人即便是一个诚实的人，也无法弥补不守时给他带来的负面影响。相反，每次约会都准时的人无形中也会增加自己的信用度。

百事可乐公司总裁卡·威勒欧普在创业初期，曾在一场演讲前与一位经销商约好见面时间。由于他的演讲受到了听众的极度欢迎，他一时兴起，就一直超时讲了下去，结果忘了还有约会。当大会主席拿着那位商人的字条提醒他时，他马上意识到自己的失误，于是立刻向听众道歉说："谢谢大家来听我演讲，本来我还想和大家探讨一些问题，但我还有一个约会，而且现在已经迟到了。迟到已经是对别人的不礼貌，我无论如何也不能失约。所以，请大家原谅，祝大家好运！"

虽然卡·威勒欧普草草结束了自己的演讲，但他守时、守信的品德却为他赢得了在场所有人的热烈掌声。

百事可乐公司之所以能迅速成为世界级饮料公司，与其经营者的守时守信是分不开的。对任何一个想成功的人来说，守时、守信都非常重要。如果与他人约好了见面时间，无论彼此关系多么亲密、手头需要处理的事情有多么急迫，你都一定要遵守时间。

不要为任何迟到寻找借口，闹钟失灵、家事缠绕、交通堵塞，千种理由、万种说法都掩盖不了一个事实：你是个不守时的人。守时不仅指赴约不能迟到，还指要保证准时、正点，不可以晚到也不要过于早到。不要过于早到同样重要，因为在去拜访预约过的某位时间观念极强的人时，如果你到得太早，就会扰乱对方的时间安排，无意中给对方造成不必要的麻烦。

> **哈佛人生智慧**
>
> 哈佛大学的教师经常会教导学生：准时是必要的习惯，不守时的人不可信。刚进入哈佛的学生都会被校方要求养成守时准时的好习惯。守时是对每个人做事情的基本要求，一个没有时间观念的人很容易让周围的人缺少信任感。守时不只是一种习惯，更是责任心的体现，因此，要想成为一个负责任的人，请像时钟一样准时。

6. 不要让自己成为不停旋转的陀螺

伍德罗·威尔逊是美国第28任总统，是进步主义时代的一个领袖级知识分子，同时也是美国历史上少数几个没有在身边安排秘书职务的领袖人物。他是我们所熟知的几个有名的"工作狂"之一。

威尔逊经常在深夜里审批法令和文件，而这些令人头痛的烦琐事务完全可以由工作能力出众、值得信任的副手们代劳，但是他没有把这些工作委派给他的下属。他不仅在当时的议会中以勤奋工作而闻名，而且在接下来的几届总统改选中，也没有任何一个继任者能够在工作时间上赶上他，更不用说超过他。

由于威尔逊凡事都亲力亲为，长年坚持不懈地工作，导致他的健康状况急剧下降。1919年，威尔逊为获得美国人民对加入国联议案的支持，连续到全国各地发表多场演讲，这给他的健康造成了严重损害。有一次发表完演讲后，他意外地昏倒在地。过了没多久，威尔逊又一次严重地中风发作，这几乎令他完全丧失工作能力。他的左半边身子完全瘫痪，左眼也失明了，在接下来的几个月内他都要使用轮椅。此后，威尔逊也要靠拐杖走路。

从那以后，威尔逊在整个余下的任期内有意识地避让副总统托马斯·R.马歇尔、他的内阁成员及访问白宫的国会议员。他的夫人伊蒂丝不但照顾他的起居，还负责将政务分类，决定哪些由威尔逊过目，哪些留给他的内阁处理。

无论一架机器多么精良，如果不按时加油保养，都有毁坏的危险；无论一块手表多么精准，如果始终将发条上得十足，也无法使用很久。擅长驾驶的人永远不会把车开得过快，精于弹琴的人永远不会把琴弦绷得过紧。人也是如此，如果一个人整天忙于学习和工作，劳累过度，直到支撑不住时才肯罢手，那么他可能从此一蹶不振，再也无法恢复往日的健康。人要有质量地活着，拥有健康的身体是成功的根本。

2010年8月，美国某著名杂志的一名记者获准在白宫里待一整天。在对时任美国总统奥巴马的日常工作进行了解之后他发现，总统是一个高标准的工作职位，不仅工作量庞大，而且工作高速又复杂。如果没有恰当的时间管理清单的话，很难想象总统的生活会是怎样的。

据这位记者观察，奥巴马有黎明即起的好习惯。在起床后，他会先进行 45 分钟的健身运动，然后与家人一起共进早餐，并利用这段时间阅读早间报纸。

吃完饭后，奥巴马会进行总统每日简报的阅读，并在 9 点半前正式坐到白宫椭圆形办公室中，对一天的工作进行处理。

从早上 9 点半到下午 4 点半，奥巴马会参与各种主题的会议，从全球经济到军事情报，从外交政策到联邦活动等，而这些会议的召开时间也是由专人提前进行精心安排的。

下午 6 点或 6 点半时，奥巴马一天的正式工作时间便结束了。

随后，他会抽出时间与妻子、女儿共进晚餐，这是其紧张的作息时间表中难得的放松时间，更是奥巴马每天生活中唯一不容公事打扰的时间。

如果你希望高效利用时间，追求卓越的自我，你可以努力去实现自己的目标。但是你不能强迫自己在身心疲惫的状态下坚持工作，否则将处于不健康的状态。

哈佛人生智慧

哈佛大学优秀毕业生、美国前总统贝拉克·侯赛因·奥巴马说："我希望自己可以在一天之中抽出一小段时间陪伴女儿，这是我最基本的要求。"如果你疲劳过度，不妨告诉自己，你只能活一次，生活中还有其他更有价值的事情，如陪伴家人。你应该把每一天当作生命中的最后一天那样生活。

7. 会休息的人才能更好地工作

"二战"结束后不久，盟军总司令德怀特·戴维·艾森豪威尔被任命为哥伦比亚大学的校长。一天，副校长告诉艾森豪威尔，学校有关部门的负责人需要向他汇报工作。考虑到系主任这个级别的人员太多，所以副校长只是安排艾森豪威尔会见各学院的院长及相关学科的联合部主任，每天见两三位，每位谈半小时。

听了其中十几个人的汇报后，艾森豪威尔有些不耐烦了，便把副校长找来，问他到底有多少人要向他汇报工作。副校长礼貌地回答：有63位负责人需要汇报工作。

艾森豪威尔惊呼："天哪，这太多了。你应该清楚我做过盟军总司令，那是有史以来最庞大的一支军队，而我接见的人寥寥无几，只需要听三位直接指挥的将军汇报工作就可以了，他们的手下我完全不需要过问，更不需要接见。想不到我做了大学校长，要接见的人反而会增加这么多。他们谈的东西比较专业，我几乎不懂，又不能不细心地听他们谈论下去。这么做既浪费了他们的宝贵时间，也浪费了我的时间，同时对学校也没有什么好处。你的那张日程表，我看是不是应该取消了！"

艾森豪威尔后来当选为美国总统。有一天，他正在打高尔夫球，白宫的工作人员送来一份紧急文件要他批复。总统的助理事先拟定好了"赞成"与"否定"两个批示，只待他挑一个签名即可。谁知他一时不能决定，便在两个批示后各签了个名，说道："请尼克（副总统尼克松）帮我挑一个吧。"然后，他便若无其事地去打球了。

哈佛大学的有关人士指出，善于休息是平衡工作和生活的一个重要法则。他们认为，这个世界上没有一个人是不可或缺的，当学习和工作使你劳累的时候，妨碍了你的生活和健康的时候，不妨把手里的任务放一放，及时地休息一下，使自己心态平和，这样做才能把握住生活的真谛。

丘吉尔是英国历史上伟大的首相之一，在作为英国首相期间，其责任之重大、工作之繁忙可想而知，但他非常重视休息。

第二次世界大战期间，丘吉尔已经70岁高龄，仍然日理万机，每天都非常忙碌。但他总是精力充沛、充满热情地去工作，丝毫也没有流露出疲倦的神色。这主要得益于他能够在工作之余及时地放松自己，充分抓住空闲的点滴时间休息。

一般情况下，他每天中午都要睡一小时，晚上8点吃饭之前也要睡两小时。即使乘车，他也会闭目养神，休息一下。

丘吉尔还有个习惯，一天中无论什么时候，只要一停止工作，就爬进热气腾腾的浴缸中去洗澡，然后裸着身体在浴室里来回踱步，来放松自己。

由于能够保持良好的精力，丘吉尔在任英国首相期间取得了辉煌的政绩。第二次世界大战期间，丘吉尔和罗斯福、斯大林一起制定了同盟国的战略计划。1940年5月10日，也就是希特勒向西欧发动进攻的当天，丘吉尔迅速把国民经济转入战时轨道。英军自敦刻尔克撤退和法国投降后，丘吉尔坚定地领导英国及英联邦国家人民英勇地进行反法西斯战争，在不列颠之战中重创德国的空军，粉碎了希特勒进攻英国本土的计划。1941年6月22日希特勒进攻苏联的当天，丘吉尔迅速明确地表示保证援助苏联人民。1941年8月，丘吉尔与罗斯福总统在纽芬兰会晤，发布了关于对德战争的目的和战后和平的《大西洋宪章》。他的政策就是与苏联、美国建立反法西斯联盟。1941年12月，日本偷袭珍珠港，他马上与美国缔结一系列协议，建立联合委员会，筹备两国的经济和军事资源、成立联合参谋部和各战区的联合司令部。可以说，第二次世界大战的胜利离不开丘吉尔精神饱满的工作和努力，丘吉尔对第二次世界大战的胜利做出了很大贡献。

有人曾问他精力充沛、身体健康的秘诀，丘吉尔说："我的秘诀是：当我脱下制服时，也就把责任一起卸下了。"

很多追求成功的人舍不得停下脚步放松自己。在他们看来，放松是对自己的不负责任，是对时间的一种浪费。他们认为，只有永不停歇，才能早日获得成功。即使已经筋疲力尽，他们依然不愿意停止，这种精神的确难能可贵，但不是明智之举。

疲倦的感觉是生理自然反映出来的警告，提醒我们身体某个部位超负荷了。如果置之不理，将会增加我们整个身体的负担。所以，一旦出现警告信息，让负担过重的部位恢复正常才是明智之举。

哈佛人生智慧

哈佛大学2013届学生会主席丹尼尔·比克奈尔在介绍哈佛学习经验时说："要提高学习效率，就要有计划地学习，和朋友一起学习，投入足够的时间以及劳逸结合。"懂得放松和休闲，而不是一味地让自己处于疲劳状态，这也是一种难得的智慧。从效率来看，必要的放松和休闲是更快实现目标的手段。放松不是放纵，而是养精蓄锐，是为了以更快的速度奔跑。

LESSON 5

成功需要用心设计

好的狙击手必须瞄准目标再扣动扳机。同样，希望成功的人也必须有明确的目标和方向，才能让梦想实现。你必须为自己设计一个清晰的目标，设计一条可行的路线，然后用强大的毅力确保自己朝着目标坚持地走下去。正如哈佛大学博士、美国诺贝尔经济学奖第一人保罗·萨缪尔森所说："任何事业的成功都需要明确的目标和坚韧的毅力。只要坚持下去，最后的成功就一定属于你。"

1. 成功是一步步走出来的

有一个聪明伶俐的女孩，小时候由于身体纤弱，每次上体育课都落在后面。这让好胜心极强的她感到非常沮丧，她也因此害怕上体育课，觉得上体育课是一种煎熬。这时候，妈妈安慰她："没关系的，孩子。你年龄最小，跑在最后面是可以原谅的。不过你要记住，下次你的目标是：只追前一名。"

小女孩认真地点了点头，把妈妈说的话记在心里。再上体育课时，她就奋力追赶跑在她前面的那个同学。结果她成功了，她从此不再是倒数第一了。此后的体育课上，她跑步的速度快多了，超越了很多同学。一个学期还没有结束，她跑步的成绩已经达到中游水平，她也慢慢喜欢上了体育课。

接下来，这个女孩的妈妈把"只追前一名"的理念引申到小女孩的学习中："如果每次考试都超过一个同学的话，你就非常了不起了。"

在这种理念的引导下，这个女孩考上了北京大学，四年后还被哈佛大学以全额奖学金录取，她就是才女朱成。其后，朱成在哈佛攻读硕士学位、博士学位。读博期间，她还当选为有11个研究生院、1.3万名研究生的哈佛大学研究生院学生会总会主席。这是哈佛370年历史上第一位中国籍学生出任该职位，引起了巨大轰动。

有句流传甚广的格言叫"罗马不是一天建成的"。这句话和中国的"千里之行，始于足下"异曲同工。目的是告诉人们，别小看每一次的努力，保持不断进取的决心。"突然的成功"大多来自微小而不间断的脚踏实地。

美西战争爆发以后，美国急需获取西班牙军队的各种情报，而这些情报只能从西班牙的反抗军首领加西亚将军那里获取。美国总统想要尽快与他合作，可他藏身于古巴的丛林之中，没有人知道确切的地点，所以无法与他取得联络。为了找到加西亚，美国军方选拔了一个名叫罗文的人来完成这项任务。

罗文揣着给加西亚的信便踏上了征程。一路上，他遭遇了很多危急时刻，在牙买加险些被西班牙士兵截获，在古巴海域混过西属海军少尉的检查，还在圣地亚哥参加了游击战，最后终于找到了加西亚将军，并把信交给了对方。

完成任务后，罗文被奉为英雄。他的事迹还被改编成图书，就是《致加西亚的信》。

读过这本书的人会发现，罗文所做的事情一点也不需要高超的技巧。他只是按部就班地前进，也就是我们常说的"一步一个脚印"。他只是接受了上级交给的任务，然后一步步认真把这个任务做完而已。

其实，我们每天也在不断地完成自己的任务，只是常常忽略这些任务的重要性。每个人都会做自己不屑于做的事情，这些事情贯穿于每天的任务之中，甚至有些事情自己做过之后就不记得了。有些事情的确微不足道，但我们也要以高度负责的态度做好它。不但要达到标准，而且要超出标准，超出别人对我们的期望。成功是从一点一滴的积累中获得的。

> **哈佛人生智慧**
>
> 哈佛大学博士、美国前国务卿基辛格说:"年轻人都想着一夜成名,但真正一步登天的人几乎没有。即使我们具有这样的才能,也必须要经过生活的考验。"生活会给每个人应有的回报,无论是荣誉还是财富,但前提是你必须转变自己的思想和认识,一步一个脚印、踏踏实实地往前走,这样才会产生改变命运的力量。

2. 明确目标,矢志不移

有一次,一位记者问罗斯福总统的夫人安娜:"尊敬的总统夫人,你能给那些渴求成功的人,特别是那些年轻的还没走出校门的人一些合理的建议吗?"

安娜谦虚地摇摇头,但她又接着说:"不过先生,你的提问倒是让我想起我年轻时候的一件事:那时候,我还在读书,想一边求学一边找份工作,最好能在电讯行业找份合适的工作,这样我还可以修几个学分。于是,我的父亲便帮我联系了他的一个朋友,当时任美国无线电公司董事长的萨尔诺夫将军。

"当我单独见到萨尔诺夫将军的时候,他直截了当地问我想找一份什么样的工作,具体是什么工种?我觉得,他名下的公司部门众多,什么工作都让我觉得新奇,选择不选择都无所谓。于是,我就跟他说什么工作都可以。

"等我表达完自己的意见,我看见他停下手头的工作,注视着我,非常严肃地对我说:年轻人,世界上没有哪份工作叫'随便',成功的道路是用目标铺成的。

"萨尔诺夫将军的话让我意识到了明确目标的重要性。在随后的人生中，我总是时时注意着用有意义的目标指引自己的生活，凭借自己的能力为社会做了很多事情。"

安娜的话让我们看到一个明确的目标对人的一生有多么重要的影响。因此，无论是在生活中还是在学习中，我们都应该清楚自己的目标，目标明确，才会越来越接近成功。相反，如果目标不明确，就会在前进的道路上迷失方向，甚至会产生放弃自己的念头。

1952年7月的一天，加利福尼亚海岸弥漫着浓浓的雾气，原来的碧海蓝天消失得无影无踪。在海岸以西21英里的卡特琳娜岛上，费罗伦丝·查德威克准备从太平洋游到加州海岸，她想创造世界纪录，这是她的梦想。

那天早上，雾很大，天气也有些阴冷，海水很凉，她被冻得浑身发麻，雾气几乎使她看不到护送她的船只。时间慢慢地过去了，有千千万万的人守在电视机旁看她的直播。有几次，几只凶残的鲨鱼靠近她，被护送她的安全人员打跑了。

已经过去15个小时，她又累又冷，浑身直哆嗦。她觉得自己不能再坚持下去了，便想叫人拉她上船。她的母亲和教练在另外一条船上。他们告诉她，她离海岸已经非常近，劝她不要放弃。然而，当她朝海岸看去的时候却是模糊一片，除了雾气，什么也看不到。于是，她坚持要大家把她拉上船。人们没办法，只好按照她的要求把她拉上船。

而她不知道的是，她上船的地方离海岸只有半英里，这个距离对她来说是没有什么难度的。后来她说，让她半途而废的不是疲劳，也不是寒冷，而是因为她在浓雾中看不到海岸，看不到目标。

在我们身边，没有明确目标的人大有人在。他们每天勤奋学习，甚至废寝忘食，然而付出却得不到相应的收获。他们总是机械地学习，一刻不停地忙碌着，却永远也忙不到点子上。这正是由于他们缺乏目标，把大量的时间和精力浪费在一些无关紧要的事情上。

如果你不希望自己犯这样的错误，就要确认自己的目标，并坚持下去。当你想尽力节约时间、取得更好的成绩时，就给自己定一个明确的目标吧！完美可能很难达到，但做到优秀对你来说却不是什么困难的事情。

一个人不但要有明确的目标，而且要把长远的目标分成阶段性的目标，使自己在奋斗过程中看到希望，能够保持热情，保持自信，持之以恒地向前走，更快更好地实现目标，不会因为距离目标太遥远、看不到成功的希望而感到疲惫甚至放弃。当设定这些目标的时候，你就要对自己做出承诺：不管遇到什么情况，你都会通过自己的努力去实现它。

哈佛人生智慧

20世纪广受欢迎的美国诗人罗伯特·弗罗斯特曾就读于哈佛大学，他对于成功的解读是："最好的出路永远是朝着目标走完全程。"要想有力地控制自己的人生轨迹，就要明确具体地制定自己的目标，不要让自己的目标停留在模糊的梦想状态。明确自己的奋斗目标，首先目标要可行，不要与自己的实际情况脱轨，要根据自己的实际情况、根据自己的特长设定目标。接下来要做的便是通过自己坚持不懈的努力去实现目标。

3. 不为失败找借口，只为成功找方法

  贝聿铭1935年赴美留学，先后在麻省理工学院和哈佛大学学习建筑。在世界很多角落，都有贝聿铭建筑的奇迹，他也因此被誉为20世纪世界成功建筑师之一。有人问他，是什么成就了他的建筑梦想，摘得一项又一项桂冠。每当听到这样的询问，贝聿铭总是微微一笑说："是方法。"

  尽管贝聿铭在建筑方面有很高的天赋，但是多年学习的实践表明，他的作品中依然存在其他建筑大师作品的影子，这一点让他很是苦恼。为什么会这样？苦苦思索一段时间后，贝聿铭突然醒悟过来，原来自己长久以来一直循规蹈矩地按照前辈的思路去设计，丧失了自我。贝聿铭开始认真思考如何才能设计出满意的作品，终于他发现了一种新型的设计方法——让建筑融合自然的空间观念。从那以后，贝聿铭的作品深深地烙上了"贝式建筑"的印记，最终赢得了响当当的声名。

  每个人都渴望成功，但只有那些真正发挥出自身能力的人才能获得成功。通往成功的道路从来都不会是一帆风顺的，那些追求成功的人时常会受到风浪和暴雨的侵袭，是主动应对还是寻找借口退缩？很多人选择了后者，因此他们失败了。

  如今，奥运会在哪个国家举办不单单是一个体育盛会举办地点的问题，也成了东道国经济发展的良机。但是，在很多年前，没有哪个国家愿意举办奥运会，原因是害怕赔钱。所以，那个时候几乎所有国家都会

寻找各种各样的理由来阻止奥运会在自己境内举办。直到1984年，洛杉矶奥运会成了一个转折点。这次奥运会中，美国政府非但没有赔钱，反而盈利几亿美元，可谓创造了奇迹，改变了历史。成就这次奥运会的关键人物是一个名为尤伯罗斯的商人。

尤伯罗斯敏锐地察觉到全世界人民对奥运会的热情，于是将企业与社会的关系做了宏观思考，最终得出了一个大胆的赚钱结论——将奥运会的实况转播权进行拍卖。他还预言，这种拍卖方式必定会引起电视台之间的竞争，价钱也会不断飙升。果然不出所料，仅仅转播权拍卖一项，就使他筹集了几亿美元的资金。

美国洛杉矶奥运会十分成功，尤伯罗斯也因此声名大振。回首往事，他感慨地说："世界上的事，只要想办法就会有突破点，不畏艰难总归会有解决办法的。"

有很多人遇到问题就想着找借口：迟到了是因为路上堵车而不是因为起床晚了，成绩差是因为题量太大而不是因为练习太少；竞争失败是因为对手太强而不是因为自己太弱……这些人总是习惯使用诸如此类的借口来搪塞自己，久而久之，人生就会形成这样一种局面：一直努力寻找借口来掩饰自己的过失，推卸自己本应承担的责任。

事实上，有了问题不去想如何逃避，而是把心态摆正，努力去解决问题，才是真正的成功之道。人生不需要借口，需要的只是方法。失败也好，犯错也罢，只要勇于面对、勇于改正，人生就会变得越来越美好。

哈佛人生智慧

比尔·盖茨说："一个出色的员工应该懂得如何开动脑筋，找到令客户满意的办法，而不是可怜兮兮地用一大堆借口来搪塞。"在困难面前积极找办法的态度会激发人类潜在的智慧。反之，在困难面前退缩的行为就注定了失败的结局。因此，一个人在遇到挫折、困难的时候，不要想着用何种理由来推卸责任，而是要开动脑筋，相信天无绝人之路。

4. 告别优柔寡断，养成魄力

20世纪初，美国吉列公司创始人吉列先生发明了世界上第一种安全剃须刀。当时，男人习惯使用传统的剃须刀，这种剃须刀不仅极为昂贵，而且使用起来非常不方便，每一次使用之前，都需要将刀片磨得锋利。在使用的时候，一不小心便有可能被锋利的刀片刮伤。

发明安全剃须刀后，吉列认为，这种安全而又易携带的剃须刀一定会受到世人的喜爱，从而创造出销售奇迹。但是，令他意外的是，人们并没有如同他想象的那样，轻易地接受这种安全剃须刀片。在剃须刀上市以后，形成了严重的滞销局面。在1903年长达一年的时间里，吉列公司只售出了51个刀架、168个刀片。

这样的销售业绩根本不可能让企业顺利生存下去，于是吉列开始四处留意，期望可以找到使安全剃须刀一炮而红的机会。

有一天，吉列正在看刚刚送来的报纸。报纸上报道着战争的战况，记者为了突显前线的战况，特意配了一名年轻战士的照片。照片上的年轻人满脸的胡子，看起来非常邋遢。看到这幅照片以后，吉列立即意识到自己的机遇来了。他马上与军队采购部门进行联系，同时表示为了支持前线战争，将会一分不赚地将剃须刀以成本价卖给军队。

要知道，当时的吉列公司早已入不敷出，这样的大胆承诺无疑是在拿公司的未来做赌注。面对质疑时，吉列并没有回应，而是让质疑者静心等待。

随后，吉列剃须刀在美国军队中迅速盛行起来，这些安全而又小巧的剃须刀受到了士兵们的普遍喜爱。同时，因为士兵们辗转征战，吉列牌剃须刀被带到了世界上的每一个角落——这相当于在无形之中为吉列做了一次全球范围内的广告。

到1917年，吉列剃须刀一跃成为全世界有名的剃须刀之一。仅在那一年，吉列公司便销售出多达1.3亿个刀片。

正所谓没有破釜沉舟的果断，又怎么会有顽强拼搏的动力？想要让自己更靠近梦想，仅仅靠想象与期盼是远远不够的。更为重要的是，要让自己为目标的达成付出实际的行动。果断的行动使人更容易成功，它不仅使人养成干练、不拖泥带水的做事习惯，更会大大提升做事的效率。

美国著名将军巴顿非常讲究速度和办事效率，他的战争理念是：优柔寡断是军人最大的敌人，指挥官必须要有魄力，要懂得抓住战争中稍纵即逝的战机。他认为，一个军人如果有了战胜别人的机会，哪怕只有很小的成功概率，也要勇敢地尝试和执行。如果总是瞻前顾后、思虑重重，那么最终什么事也做不成。

在"二战"接近尾声的时候，有一次巴顿将军奉命打击法国边境上的德国残余军队。这股德军小分队已经被孤立，盟军只要趁势将他们包围起来就能够将其一举歼灭，扫除潜在的隐患。

巴顿将军看到进攻时机非常合适，于是果断下令加快行军速度。可是他的顶头上司布莱德雷却显得有些优柔寡断，一方面他担心德军可能会设下埋伏，另一方面他又思考着自己这样兴师动众地追击敌军是否划算。这样一来，他不断改变计划，迫使巴顿将军的部队停了又停。然而巴顿将军可不想等，数次违抗军令，直接追上去打击德军，使德军损失惨重。

在法莱斯作战的那一次，巴顿几乎将全部德军困在一个狭窄的山谷中，美军完全可以瓮中捉鳖将德军全部消灭。不过这一次，他的上级再次犹豫不决，迟迟不下令进攻，并让巴顿将军保持谨慎的心态，千万不能太过冒进。就因为上级的优柔寡断，德军得到了突围的机会，逃出了包围圈，后来又跑到战场上与美军对抗。

想要成就一番大事业、获得精彩人生，你便需要让自己告别临事优柔寡断、过度犹豫的特点。过度犹豫非但不会显示出你的谨慎，反而会让你错失发展良机。学会坦荡做事、果断决定，别让他人的意见左右自己的行为，敢于在不同的选择中快速选出最有利于自我发展的那一个，你才有机会摘取成功的果实。

哈佛人生智慧

在哈佛大学里，所有备受学子推崇的个性中，果断是其中一条。一味地瞻前顾后固然会令你的决策更加谨慎，但是你会因此失去实施最佳方案的宝贵时间，更会失去许多的成功机会。若你期望成为

> 行业中的翘楚，便必须要让自己拥有魄力。可以说，魄力是你人生中的一张关键牌，是否具备果断的素质，与你能否在人生路上少些坎坷并获得成功有着密切的关系。

5. 找到适合自己的那条路

有一只从小就被山羊收养的小老虎，它喝山羊的奶长大，在山羊堆里玩耍，做山羊该做的事情。

可是，尽管这头老虎非常努力，它仍然是羊群里最笨的一头"山羊"：它的气味和长相都不像自己的同伴，甚至连声音都不像。它总是闯祸，因为个头太大，力气惊人，总是在玩耍的时候不小心就弄伤了同伴。同伴们开始害怕它，不再和它一起玩儿，还经常躲着它走……

这头可怜的"山羊"觉得自己被排挤了，别人都不喜欢它，它觉得自己肯定是哪里做错了，可是又找不到错误的原因，这让它经常闷闷不乐。

一次偶然的经历改变了这一切。

那天，它跟着羊群一起上山吃草（虽然它觉得草很难吃，可是同伴都是这么做的）。山间突然传来一声巨吼，山羊们被吓得四散逃亡，只有它觉得那声音没什么可怕，于是继续吃草，没有逃跑的意思。

就在这时候，一只庞然大物从身后跳了出来，它的身体强健有力，声音洪亮震撼："跟我来！"这位入侵者的命令透着毋庸置疑的坚定。

小老虎并不害怕，好奇心让它变得很兴奋，兴奋得忘了什么是危险。它跟着这只庞然大物进入丛林，来到一条大河的岸边。"到这儿来！"庞然大物命令道。

LESSON 5
成功需要用心设计

小老虎依言走到它的旁边，"往水里看！"庞然大物继续说。

小老虎发现水中出现了两个一样的倒影，"那个是谁？"小老虎指着自己在水中的倒影问。

"那是你——真正的你！"

"不，我是一头山羊！"小老虎抗议道。

突然，巨兽拱起身子来，又发出一声巨吼，整座丛林为之动摇，等声音停止后，一切都静悄悄的。

"现在，你也来吼一声！"庞然大物说。

最初很困难，小老虎张大嘴，但发出的声音像呜咽。

"再来，你可以办到！"

最后，小老虎感到有股力量逐渐涌向全身。

"嗷——"它终于发出了和庞然大物一样的叫声。

"我是一头老虎。"庞然大物说，"你也一样。记住：你是一头老虎，不是一只山羊！"

小老虎终于明白为什么自己总是做不好一只山羊了，因为它本来就不是山羊。现在，它看清了自己，也开始了自己的老虎生涯，那才是它的生活，所以它开始变得很快乐！

我们做着自己不想做也做不来的事情，然后又因为做不好而被坏心情困扰，陷入恶性循环。这是因为我们像小老虎一样，从一开始的自我认知就是错误的，我们以为自己是那样的人，或者适合那样的生活，可是我们没有做好，而且力不从心。我们一直尝试去改变，却一再地失败。这就说明我们给自己的定位是错的。

1952年11月9日，以色列独立以来的第一位总统哈伊姆·魏茨曼

HARVARD
哈佛人生智慧：案例实用版

不幸因病逝世，而这位总统正是伟大的物理学家爱因斯坦平生少有的挚友。在哈伊姆·魏茨曼去世的前一天，以色列驻美国大使便向爱因斯坦转达了以色列总理本·古里安的信，信中以诚挚的语气明确指出将会正式提请爱因斯坦成为以色列共和国总统候选人。

消息很快传遍整个新闻界，当晚，一位记者拨通了爱因斯坦住所的电话："亲爱的教授先生，听说您将会出任以色列总统，这件事情是真的吗？"

电话那头，爱因斯坦的语气非常平静："不，我不会当总统的，我并不具备那样的才能。"

"但是，总统并没有多少具体的事务，而且这一位置往往是象征性的。教授先生，您可以说是这个世界上最伟大的犹太人，不，您简直是这个世界上最伟大的人。由您来担任以色列总统，不仅象征了犹太民族的伟大，更象征了犹太民族的美好未来！"记者的声音越来越兴奋。

"不，我干不了这样的事情。"爱因斯坦并没有因为记者的话而骄傲，轻声地做出了自己的回答。

随后，当驻华盛顿的以色列大使再次打来电话时，爱因斯坦同样明确地拒绝了。

不久之后，爱因斯坦在美国一家权威报纸上发表了声明，声明中指出，他不会出任以色列总统一职："有关自然，我可能了解一点，但是有关人性，我几乎一点也不了解。相比之下，方程对我更重要些。政治是暂时的东西，而方程却是一种永恒的东西。"

你不需要按照别人的期望来安排自己的人生，更不需要为了满足他人的愿望而对自己的缺陷进行遮掩，时时戴着面具做人无疑是令人疲惫的事情。找到适合自己的那条路，做自己喜欢的事情，才会拥有更多的成功机会。

哈佛人生智慧

所有的哈佛成功人士都有自己独特的个性，而这些与他人不同的地方成为他们在成功以后真正塑造自我、真诚面对公众的关键所在。"坚持找到适合自己的那条路"无疑是受到哈佛校风的影响。多年的教育过程中，哈佛也有为人诟言的地方，但是它从来没有去伪装自己的缺点，而是将每一个教育环节更真实地展示给公众。也正是因为这种"坦然做自己"的特点，使得哈佛成为全球颇具盛名的高校之一。

6. 没有不用心就能做成的事情

弗里达闲暇之余喜欢观察鸟类。不久前，他在郊区买了一幢新房子，附近树木葱茏，鸟语花香。入住后的第二天上午，他就在后院装了一个喂鸟器，放进去很多食物。可就在当天傍晚，一群松鼠跑来弄倒了喂鸟器，把里面的食物全部吃掉，还把小鸟吓得四处逃散。在接下来的几个星期里，弗里达绞尽脑汁想出各种方法阻止松鼠靠近喂鸟器，就差使用暴力了。可是一切都是徒劳，松鼠们照样光顾、搞破坏。

无计可施的弗里达只好找到当地的一家五金店，准备买一个防松鼠的工具。终于，他在那儿找到了一种奇特的喂鸟器——"防松鼠喂鸟器"。这种喂鸟器带有铁丝网，看起来挺让人放心的。弗里达想：这下子万无一失了。于是，他把喂鸟器买回家安装在后院里。但就在当天傍晚，还是有松鼠光顾了"防松鼠喂鸟器"，并把鸟儿们吓跑了。

这一次可把弗里达气坏了，他拆下喂鸟器，把它拿回五金店，气愤地要求老板退货。不料，五金店老板却心平气和地说："先生，您别着急，我一定会给您退货的。不过，您得明白，这个世界上不可能有真正万全的'防松鼠喂鸟器'。"弗里达说："你是想告诉我，我们可以把人类送上太空，可以在几秒钟之内把信息传送到地球的每一个角落，但是工程师们居然都设计和制造不出一个真正有用的喂鸟器，无法把这种脑袋只有豌豆大的啮齿类小动物阻挡在外？你不会真的想告诉我这个吧？这可真可笑。"

"是的。"老板依然平静地说。弗里达很不解，要老板再说得明白些。

五金店老板接着说："先生，我可以进一步地解释，不过您得先回答我两个问题。第一，您每天平均花多少时间让松鼠远离您的喂鸟器？"弗里达想了想，答道："我没仔细算过，估计也就10到15分钟吧。"

"嗯，和我想的一样，"五金店老板说，"现在，请您告诉我，您猜那些松鼠每天花多少时间来试图闯入您的喂鸟器呢？"

弗里达恍然大悟：答案是松鼠醒着的每分每秒。

后来，弗里达对松鼠产生了极大的兴趣，他甚至特意对松鼠进行了一番调查研究。结果发现，原来松鼠在它们不睡觉的大部分时间里都在寻找食物。所以，人类制造的"防松鼠喂鸟器"无法与它们那强大的专注力抗衡。

有人会说，我需要在安静的环境里才能专注；有人会说，我需要在没有诱惑的时候才能专注；还有人会说，我需要在监督下才能专注……乍看之下，都有道理。可是，如果专注真的需要这么多局限，那么还有几个人可以成功呢？

LESSON 5
成功需要用心设计

比尔·盖茨是美国微软公司的创始人和前总裁，是个对工作极其认真、严格要求自己的人。

比尔·盖茨小时候曾经在西雅图生活。有一天，在一所著名教堂里，慈祥的牧师戴尔·泰勒郑重地承诺：如果谁能背出《圣经·马太福音》中第五章到第七章的全部内容，就会被邀请到西雅图的"太空针"高塔餐厅参加免费聚餐。

在场的所有人都知道《圣经·马太福音》中第五章到第七章篇幅不短，要背诵下来有相当大的难度。在困难面前，大部分人浅尝辄止或望而却步，尽管参加这样的免费聚餐是他们梦寐以求的事情。

然而，几天后一个上午，年仅11岁的比尔·盖茨胸有成竹地站在泰勒牧师面前，把那三章全部背了下来，竟然没出一点差错。

"你为什么能背下这么长的文字呢？"泰勒牧师好奇地问，目光中流露出赞许。

比尔·盖茨不假思索地回答道："因为我竭尽全力。"他良好的态度和不服输的精神感染了在场的每一个人，赢得了人们的赞扬和尊重。

积极心理学的奠基人之一、哈佛大学的心理学教授兰格在他的作品《专注力》中说："没错，专注就是力量。"我们所说的专注，并不是一种天赋，而是人的一种能力、一种品质。如果你恰巧有，那么鼓励你要继续保持；如果你不幸没有，那么劝告你好好培养自己的专注力。因为专注对你的成功起着决定性的作用。

> **哈佛人生智慧**
>
> 比尔·盖茨说："做任何事，全身心地投入是最重要的。因为只有专注的人，才能焕发出强大的力量。"专注是一种静态的等待，也是一种蓄势待发的能量储备；专注是一种优势，也是一种品质。当你把专注视为一种修行，把专注当成一种境界，把专注发展为一种影响力时，它就会转化成无与伦比的巨大力量，让你与所有的干扰和障碍抗衡时取得决定性的胜利。

7. 自信是一切成功的起点

曾经荣获奥斯卡影后、戛纳影后以及奥斯卡终身成就奖的意大利著名女星索菲亚·罗兰是一个善于肯定和欣赏自我，并且将劣势化为优势的典范。

当16岁的索菲亚去参加她的第一次试镜时，摄影师、造型师、化妆师都抱怨她的鼻子太长、臀部太大。于是，导演建议她去做整形，将臀部和鼻子做成符合大众审美习惯的模样。可是索菲亚·罗兰并没有像大多数演员一样对导演言听计从。她告诉导演，她觉得鼻子和臀部正是自己的特色，她欣赏这样的自己。

当时，很多人说她太骄傲，竟然连导演的意见都不听。然而，导演却因此越发地注意她。一次，导演想听听她对自己的长相和身材有何评价，索菲亚·罗兰自信地说："我的鼻子确实与众不同，但是我为什么要和大多数人长得一样呢？至于臀部，无可否认，它确实有点过于发达，但那也是我的一部分。它们正是我的特色所在，我愿意保持我的

LESSON 5
成功需要用心设计

本来面目,并且坚持认为那就是最美丽的。我相信一个人想要被大众接受,就一定要自己先认可自己。"

索菲亚·罗兰用自信说服了导演,并迅速地走红,几乎没有人不为她浑身上下散发出来的自信所吸引。

的确,一个欣赏自己、信任自己的人比一个否定自己、自卑的人更加容易成功。他们不会因为自己的短处而自我否定,知道自己的优点是什么,并且给它找到合适的发展途径。走在自己设定的康庄大道上的人又怎么可能迷失自我呢?

哈尔·道农从哈佛大学毕业后从事职业规划工作。有一次,他在自己的办公室接待了一个由于企业倒闭而负债累累、离开家庭四处流浪的可怜人。这个流浪汉在进门之后便首先打招呼道:"我之所以会来到这里,是因为希望你可以帮助我。"

原来,当他对生活绝望、想要以自杀结束无意义的生活时,看到了哈尔所写的一本自我激励的书籍,并因此产生了继续活下去的力量。他认为,只要自己与这本书的作者相见,便一定能够在作者的协助下再度站起来。

在流浪汉诉说自己的不幸时,哈尔对他从头到脚进行了打量:对方茫然的眼神、充满了沮丧的皱纹、多天未刮的胡须与紧张的神态无一不在向哈尔证明着,这是一个无药可救的人。但是,哈尔不忍心打击他。

将流浪汉的故事全部听完以后,哈尔细想了一下,说:"我并没有办法帮助你,但是如果你愿意的话,我会带你去见一个人,他能够帮助你东山再起,再次赢得美好的生活。"流浪汉立即跳了起来,抓着哈尔的手,急切地想要见这个能够改变自己生活的人。

哈尔拉着他来到一个房间,并让他与自己一起望向一个挂在门口的窗帘布。哈尔将窗帘布拉开后,露出了里面的高大镜子:这个镜子可以看到人的全身。

哈尔指着镜子中的流浪汉说:"就是他,在这个世界上,除了他,没有人能使你东山再起。你应该坐下来,对他进行彻底地了解,看清他的每一个优势与劣势,否则你不会有出路。"

流浪汉对着镜子仔细地端详着自己的脸,用手摸着自己长满胡须的脸,对着镜子里的人从头到脚打量了几分钟。随后,他后退几步,低下头开始哭泣。当他离开时,哈尔发现,他的脚步已经不再紧张和不安,而是变得轻松有力。

几天后,哈尔外出时在街头遇到他。他说,自己已经找到工作,并打算重新开始。

在哈佛,没有人会因为自己做了一件非常拙劣的事情而担忧,在这些进入全球最出色的高等学府的学子眼中,弱者才自卑,而他们无疑是未来世界的领袖。可以说,自卑是一种可怕的消极情绪,它会让你看不到自己的优点,更会让你陷入强大的自我诋毁攻势中,无法看到希望。想要成功,你首先要克服自卑。唯有如此,你才能更好地将自己塑造成一个自信的人。

哈佛人生智慧

毕业于哈佛大学的美国思想家、诗人拉尔夫·沃尔多·爱默生说:"相信你自己的思想,相信你内心深处认为正确的东西。"相信自己,才能不断地挖掘自己的潜能,才能用自信的力量去超越自我,走向成功。

8. 善于抓住机会并创造机会

1919年，中国作家林语堂带着新婚妻子一同踏上赴美留学之路，他的目的地是大洋彼岸的哈佛大学。到了美国之后，林语堂大开眼界，后来他在美国声名远播的经历也实属幸运。

一次，林语堂参加一场宴会，许多当地名人也应邀赴宴，其中包括美国知名作家赛珍珠。席间，赛珍珠听说在场人士中有很多中国作家，于是她客气地说："我希望中国作家能够把自己的新作介绍给我，我愿意向美国出版界推荐。"在场的人都觉得这只是句客套话，所以都一笑置之，并没有放在心上。但是，林语堂却将赛珍珠的话牢记在心，认为这是一次难得的机会。于是，他向赛珍珠要来了联系方式，回家之后便认真整理自己认为比较满意的文章，很快便寄给了赛珍珠。赛珍珠对林语堂的认真态度十分赞赏，于是极力帮助他向大型出版机构推荐。不久，林语堂的著作在美国出版，他一夜之间便成了美国家喻户晓的中国作家。

原哈佛大学教务长哈维·范伯格说："把握一次机会能够做成一件事情，把握一次难能可贵的机会也许能够成就你的人生。"人生中有很多无法预料的时刻，也许有些机会刚刚与我们擦肩而过。很多与成功息息相关的客观条件都是因为个人的优柔寡断而被错过的。因此，想要成功就要做好心理、身体以及物质准备，努力把握住随时可能到来的机遇。

有一位商人继承了父亲做珠宝生意的产业，可他没有父亲那样的鉴赏能力，几年下来将家底赔了个精光。

他认为自己在珠宝行业的发展潜力有限，又缺少悟性，于是转而经营服装生意。在他看来，这一领域无须太多的专业知识，很好入门。在变卖所有家当之后，他开了一个服装店。没想到，在短短的三年时间里，他的买卖就撑不下去了。他购进的衣物因为高于市场价而无人问津。他突然觉悟，自己可能不太适合更新太快的服装市场。当他觉察某个款式流行时，这个潮流已经过去。

思索再三，他将服装店兑了出去，用仅剩的那些钱开了一个饭店。他想，找个手艺好的师傅炒菜，再招几个服务员，只要饭菜好吃、服务周到，何愁赚不到钱？况且，"民以食为天"，人都是要吃饭的。但是这次，他又错了。他眼睁睁地看着对面那家饭店宾客盈门，而自己这边却门可罗雀。最后，惨淡的生意让他不得不关门大吉。后来，他又尝试了好多行业——化妆品生意、钟表生意、印染生意，都无一例外地失败了。

那时，他已从一个热血青年步入知天命的岁数。从接手父亲的珠宝店至今，25年的宝贵年华被失败占满。头发已有些花白的他彻底相信自己没有一点经商的头脑。

失望之余，他决定用剩下的钱为自己买一块离城很远的墓地，期望在去世之后能有一个舒适的葬身之地。因为资金有限，只能买一块较为荒凉的土地，离市区有5千米远。很少有人买这样的墓地。

但是这时，他的事业出现了转机——就在他办完这块墓地产权手续的第15天，这座城市公布了一项建设环城高速路的规划，他的墓地恰恰处在环城路内侧，紧靠一个十字路口。道路两旁的土地一夜之间身价倍增，他的这块墓地更是涨了好多倍。他万万没想到自己竟然靠这块墓地发了财。

LESSON 5
成功需要用心设计

他突然产生了一个想法——为何不做房地产生意呢？想到就做。他卖了这块墓地，又购买了一些他认为有升值潜力的土地。仅仅过了五年，他成了全城最大的房地产商。

这位商人的经历给人以深刻的启示。很多时候，机遇就在生命的前方等待着，关键是要耐心地等待和发现。正如英国哲学家培根所说："聪明的人善于等待机会，成功的人善于创造和抓住机会。"人的一生是否精彩，关键在于能不能抓住生命中难以预料却有决定性意义的机遇。

哈佛人生智慧

哈佛大学博士、著名银行家大卫·洛克菲勒说："机会是事业发展的关键，凡是做大事业的人，不仅善于抓住机会，而且善于创造机会。"在追逐成功的旅程中，努力与才能固然重要，但是机遇也是不可或缺的因素之一。善于抓住机遇并创造机遇的人不会退缩也不会迟疑，他们会最大限度地为自己造就成功的基础，展开双臂迎接幸运女神的到来。

LESSON 6

"人"字很好写，做人不简单

　　"人"字有一撇一捺，写起来虽然容易，但是如果不明白做人的道理和技巧，想把人做好则十分困难。会做人、做好人，才能行得正、走得远，充分体现人生价值。哈佛大学哲学博士、中国现代语言学先驱赵元任说："品德是人生成功的基石。"即使资历不深、毫无背景，只要拥有良好的品德，你便能够收获人脉、提升人气，潇洒自在地游走于各色人物之间。除此之外，你还要拥有一套灵活多变的处世手段。

1. 勇于承担责任

有个名叫麦克阿瑟的人出身贵族家庭,从小母亲就向他灌输一些功名思想,所以他总是表现出强烈的求胜欲和野心,却总是看轻或忽视那些看似平凡的东西。

1903年,年纪轻轻的麦克阿瑟从西点军校毕业。他准备好好施展自己的才能,大干一场。不过,学校将他分配到工兵部服役,并安排他在一家矿井上班。这项枯燥的工作让他觉得难以忍受,他可不觉得自己在这里能有什么发展前途,所以很多时候,他都在漫不经心地应付了事。

之后的一年,他被派往菲律宾执行任务。表现不错的他不久便被调回国内,在一所工程师学校深造。这时,枯燥的学习让他觉得有些烦恼,反而对白宫中那些形形色色的社交活动非常感兴趣。麦克阿瑟完全忘记了自己的学业和使命,成天沉醉在社交活动的喜悦中。工程师学校的校长温格斯对此相当不满,他认为麦克阿瑟是一个没有责任心的军人,为此他向麦克阿瑟所在部队的领导抱怨:"麦克阿瑟中尉表现平平,缺乏责任心,比西点军校的履历表上所记载的要低能得多。"

从工程师学校毕业后,麦克阿瑟被分配到密尔沃基工作。无聊的工作让他无精打采,于是他常常擅离职守,跑到附近的家中看望父母。他的上司了解情况后对他的行为大为恼火,于是毫不留情地将其调任,并在鉴定书上写道:"他除相貌英俊、仪表堂堂外,所履行的职责无法令人满意。"

看到这样的评语,麦克阿瑟非常生气,他觉得自己一直表现得不错,应付这些工作绰绰有余。于是,他在调任后决定向上级汇报此事,

LESSON 6
"人"字很好写，做人不简单

他怒气冲冲地将意见书交给总工程师马歇尔准将。马歇尔看到意见书后非常气愤，一方面，麦克阿瑟身为军人却越级报告，这是对军规的蔑视；另一方面，他不该在工作时间跑来干其他的事。最后马歇尔准将退回了意见书，并对麦克阿瑟进行了严厉的处罚。

经历了这么多，麦克阿瑟终于醒悟过来，自己虽然能力突出，却一直都没有懂得去承担职责，他也明白了能力和态度完全是两回事。从此以后，年轻气盛的麦克阿瑟渐渐变得成熟稳重起来，而且变得富有责任心，并最终成为一位伟大的将领。

人从一出生，就有了责任——活着的责任，这是对生命的忠诚。责任不是一种强加的义务，而是生命和生活对人的基本要求。无论你有着怎样的地位，扮演着怎样的角色，都有无法推卸的责任。只有勇敢地承担起责任，你的人生才会变得更加美好。

古时候，有两个小孩在一起放羊，结果把羊弄丢了。主人先问大一点的孩子为什么把羊弄丢了，他说因为自己看书入迷，才导致羊走丢了。主人又问小一点的孩子为什么把羊给弄丢了，他说自己跑到山那边玩，便把放羊的事给忘了。

对于这两个孩子的失职，很多人都有相同的见解。有些人会认为，虽然两个孩子都把羊弄丢了，但是一个是为了读书，一个是因为贪玩，所以前者值得谅解，后者应该受罚。但是，如果从责任感的角度出发，虽然两个孩子误事的缘由不同，但性质是一样的，即他们都不专心于自己的本职工作。

美国小说家马克·吐温说："我们生到这个世界上来是为了一个

高尚的目的——好好地尽我们的责任。"一个有责任感的人从来不会推卸自己的责任，因为那是懦夫的行为。采取欺骗手段来掩盖错误，逃脱责罚，虽然可能获得短暂的成功，但当事情的真相浮出水面时，你的形象会一落千丈，再难翻身。而且，在真相被揭晓前，你的身心也会遭受巨大的折磨。所以，一个逃避和推卸责任的人将付出巨大的代价。

> **哈佛人生智慧**
>
> 哈佛大学优秀毕业生、美国前总统贝拉克·侯赛因·奥巴马说："如今，我们面对的是一个全新的责任时代，人人都需重视，世界对我们自己、我们的国家乃至整个世界都有一份责任要求。我们应欣然接受这份责任，人生也因此而充实。"不论何时，不论是对自己、对家庭、对社会还是对国家，责任感都是不可或缺的。只有负起责任，我们才能找回做人的根本。

2. 宽以待人

一列火车正开往费城，有一个妇女在中途上了车。她找了一节空荡荡的车厢，并选了一个靠窗的位置坐下来。这时，坐在她对面的男人旁若无人地点燃一支香烟，并深深地吸了几口。妇女一闻到烟味就憋得慌，于是她故意把头扭向窗外并咳嗽了几声，想以此提醒男人别再吸烟。可是，对面的男人对此无动于衷，因为他压根就没有注意到她的举动。这下，妇女不再客气，她大声对男人说："先生，你是不是第一次乘坐本次列车？你可能不知道吧，这列火车有一间专门的吸烟室，车

LESSON 6
"人"字很好写，做人不简单

厢里是不允许抽烟的。"男人听了妇女的话愣了愣，然后对她抱歉地笑笑，顺手将手里的香烟掐灭。

不一会儿，妇女见几个穿制服的男人走进了她的车厢。他们径直走到她面前，说："这位女士，很抱歉，你走错车厢了，这是格兰特将军的私人车厢，请你马上离开。"这些人的话把妇女吓得不轻，她想，天哪，坐在她对面的男人竟然是大名鼎鼎的格兰特将军。顿时，她感到全身直冒冷汗。但格兰特将军一点儿也没有怪罪她的意思，而是微笑着对下属说："无妨，就让她坐这儿吧。"

格兰特将军的宽容让妇女肃然起敬，而他的仁德也被世人争相传颂。正是凭借这样一种博大的胸襟，他征服了手下的士兵。他们帮助他打了很多胜仗，使他最终成了受人敬仰的美国总统。

格兰特将军的故事告诉我们，对他人宽容，也会赢得他人的宽容甚至尊重。多一分宽容，就多一分理解；多一分宽容，就多一分感动；多一分宽容，就多一次让别人重新看待你的机会。所以，不要吝啬自己的宽容，不要过分挑剔别人的过错，做一个豁达的人，这对你的人生有利无害。

林肯在参选美国总统时，他的竞选对手斯坦顿曾使出一切恶劣手段在公众面前侮辱他、诋毁他，让他形象受损，丢尽脸、出尽丑。但是，即便如此，林肯最终还是胜出了，当选为美国总统。正当大家都以为斯坦顿就此完蛋的时候，林肯却委任他为参谋总长组建内阁。林肯对斯坦顿的宽容不仅感动和征服了斯坦顿，也受到了美国民众的赞赏。此后，在跟随林肯的岁月中，斯坦顿总是身先士卒、尽忠职守，以此报答林肯对他的宽容。

由此可见，宽容会让施与受的双方都从中获益，从经济学的概念上来讲，它会促成双方的共赢。黎巴嫩诗人纪伯伦说："一个伟大的人有两颗心：一颗心流血，一颗心宽容。"也就是说，宽容在我们的为人处世中是极其重要的，就像血液供养我们的身体一样，宽容供养着我们的灵魂。如果缺失宽容之心，我们的灵魂就会脱离本真。

宽容他人，就是对他人的一种理解和尊重。你不计前嫌、以德报怨的行为会让他人看到你灵魂的闪光点，从而欣赏你、感激你；宽容他人，假以时日，会让人看出你的真心所在，从而自惭形秽，更加敬畏你。与其反唇相讥、打击报复、以牙还牙，不如一笑泯恩仇，这样岂不更是快意？对待任何人和事，不要往阴暗面去想，更不要走极端，一心向阳，自然也就做出阳光举动。所以，首先要调整好心态，教自己学会宽容，走向更广阔的天地。

> **哈佛人生智慧**
>
> 勇敢的人懂得宽容。不要让你的心蒙尘，不要让你的思想变得狭隘。学会用包容的心态对待自己和他人，大事会化小，小事会化了。当你用微笑看待那个该死的芥蒂，那么恭喜你，你的世界大了。

3. 学会赞美，让你更受欢迎

号称"沙漠之狐"的隆美尔是"二战"中著名的将领之一。他是一个出色的军事家，尽管为纳粹德国和希特勒服务，但是谁也不能忽略他的军事才能。英国首相丘吉尔领教过隆美尔的厉害，所以当他评价这个对手时，曾真诚地说："他是一个冷静狡猾的敌人，尽管我们在战争中相互厮杀，但请允许我说，他是一位伟大的将军。"

巴顿将军也非常看重隆美尔的军事才能。当他们某次相遇时，对法西斯恨之入骨的巴顿并没有扯开嗓子大骂隆美尔，反而微笑着恭维道："隆美尔，我读过你的书。"

很难想象在战场上拼个你死我活的对头会这样赞美自己的敌人。真正的强者会理性地看待自己的敌人，会用最客观的姿态面对和评估自己的对手。他们不会随便抹杀别人身上的闪光点，反而会将别人的闪光点挖掘出来，加以赞美和尊重。

林清玄是我国台湾著名作家。他在念高二的时候是个调皮的学生，甚至曾被记过。对于他的学业和操行，很多老师很失望和反感，唯独语文老师王雨苍对他一直很好，常常叫他到家里吃饭，遇上自己有事请假时，还让林清玄代替自己上语文课。王雨苍对林清玄说："我教了几十年书，一眼就看出你定能成大器。"老师的这句话让林清玄十分感动，备受鼓舞。从此，他发愤图强，发誓不会辜负老师的厚望。后来，他果然成了有名气的文学家。

有一天，林清玄路过一家羊肉馆，一个陌生人跑过来热情地和他打招呼，并说起20年前他们见面的情形。当时林清玄还是一名记者，供职于一家报馆，专门写些社会新闻。这天，警察抓了一个小偷，林清玄便被派去采访。警察对林清玄说，这个小偷犯案多次却是第一次被捉，他的作案手段高超，一些被偷的人家甚至在几个星期后才发现失窃。林清玄一看，这个小偷长相很斯文，目光也很锐利，只见他拍着胸脯对警察说："大丈夫做事敢做敢当，只要是我做的我都承认。"于是，警察拿出一沓失窃案的照片让他指认，当他看到一张屋子被翻得凌乱不堪的照片时说："这不是我做的，我才没有这么粗野。"小偷的气度让林清玄感慨不已，于是他为此写了一篇特稿。在特稿里，他充满欣赏和遗憾地说："心思如此缜密、手法如此高明、风格如此突出，有气魄又斯文的专业小偷，我还是第一次见到。如果他不做小偷，在任何一行都会有好的前途吧！"

此刻，站在林清玄面前的人正是那个小偷，他现在已经成了这家羊肉馆的老板。老板真诚地说："是您写的那篇特稿改变了我的人生。因为从来没有人给过我那样的评价，它让我认识到自己的人生还有点儿希望，促使我做正当的事。"林清玄听了他的话也深受感动，没想到当年几句欣赏的话竟然让一个惯偷改邪归正，迎来了光明的人生。为此，他备感欣慰。

林清玄的故事告示我们：有时候，只是一句赞誉、肯定别人的话，也可以成为别人的一根"救命稻草"。很多人会因为别人的否定和蔑视而看轻自己，从而破罐子破摔，倘若这时候有人肯发现他的闪光点并予以充分肯定，那么他一定会重新审视自己，改变自己的行事风格。所以，你的一句真诚的称赞对别人来说比珍宝还贵重。特别是那些处于穷途末路的人，当你对他施以关怀、呵护和鼓励，哪怕只是一句话，也会犹如一把火炬，给他温暖，点燃他的自信、自尊以及照亮他那本来晦暗不明的未来之路，使他努力奋发，积极向上，走出困境。

欣赏别人、肯定别人可以成为我们的一个好习惯。如果你习惯从别人身上发现优点，也有助于自己逐渐走向完美。人各有所长，取人之长，补己之短，何乐而不为呢？所以从现在起，学着做一个欣赏别人、肯定别人的人吧！

哈佛人生智慧

哈佛大学心理学家威廉·詹姆斯说:"人类本性中最深层的需要就是渴望得到别人的欣赏。"其实,人类的很多情感是相互的,一个从不吝啬欣赏和赞美的人,他的人缘会比较好,因为没有人会反感来自别人的肯定。

4. 批评如刀,恶语如剑

有一天,樵夫上山砍柴,因为走得太远而迷了路。夜晚,他被寒冷的秋风吹得瑟瑟发抖,幸好被猎人发现,让他借宿在茅屋里,他才没有被冻坏。猎人为报答樵夫,用丰盛的晚餐款待他。第二天早晨,猎人问樵夫睡得怎么样,樵夫却抱怨道:"你招待得很好,我唯一不喜欢的就是你身上那股臭味。"猎人听后心里怏怏不乐,但嘴上说:"作为补偿,你用刀砍我的手臂出气吧。"樵夫按要求做了。

许多年后,樵夫再次遇到猎人,问他:"手臂的伤口好了吗?"猎人说:"唉!伤口疼了一阵子就好了,我也忘了。不过那次你说的话,我一辈子也忘不了。"

真正伤害心灵的不是刀子,而是比刀子更厉害的东西——恶语。俗话说"良言一句三冬暖,恶语伤人六月寒",生活中与人说话有时,会给对方造成伤害,这是我们必须注意的。一个人生活在人世间,品行是通过一言一行来体现的。有的人张嘴就没什么好腔调,更有甚者不分青红皂白便肆意指责和辱骂他人,无形中给别人的内心造成巨大的伤害。

当你攻击别人的时候,攻击的种子会在对方的心里生根发芽,慢慢形成负面念头。所以,我们应该克制自己,使用善意的劝导解决问题,这样不但能让别人对你产生好感,也可以避免自己产生负面情绪。

> **哈佛人生智慧**
>
> 张宏杰是一个来自普通华人家庭的女孩,却成为哈佛大学的优秀学员,还同时拿到哈佛、耶鲁、麻省理工和普林斯顿四所大学的全额奖学金。她的父亲张志宏在接受《侨报》记者专访时说:"女儿身边都是正直无私、积极向上、淳朴善良的人,他们都喜欢做美和善的事,从不会恶语伤人。"张宏杰也这样对待身边的人,成了一名学业与品德都十分优异的哈佛学子。当你学会为他人着想而不去批评、苛责别人的时候,周围的人也将会同样友善地对待你。

5. 会吃亏是睿智,能吃亏是境界

宋朝扬州城里有位姓梅的老翁,在繁华的街市开了间典当铺。有一年年关将至,梅老翁正在里间盘账,突然听到外间店面里传来争吵声,便赶紧放下账本走了出去。他到外间一看,原来是街头一个姓杜的穷老汉正在与伙计吵架。

梅老翁为人一向大度,也崇尚和气生财的信条,便不问对错地先将自己的伙计呵斥了一番,然后又好言好语地向杜老头赔礼道歉。可是杜老头丝毫不为所动,依旧板着一张难看的苦瓜脸,靠在柜台上一语不

LESSON 6
"人"字很好写，做人不简单

发。这时，梅老翁的伙计悄悄对老板诉苦道："老爷，天地良心，真的是这个杜老头无理取闹。他前段时间在咱们铺子里当了衣服，现在又跑来说想拿回衣服过年好穿，可是当衣服的钱也不给。这不，我好好跟他解释，他还跟我急了，开口就骂人。您说，这是谁的错？"

梅老翁心领神会地点了点头，打手势让伙计去招呼生意，自己则走过去把杜老头请到桌边坐下，然后轻言细语地对他说："老人家，我能体谅你的难处，就要过年了，谁不想穿件体面的衣服呢？这样吧，大家是低头不见抬头见的熟人，有事好商量，您不要和伙计计较了，他初出茅庐，也不懂事理，您就先消消气吧！"

未等杜老头开口，梅老翁又立马吩咐另一个伙计查了一下账，从杜老头典当的衣物中挑了几件冬衣。然后，他把衣服递到杜老头手里说："这件棉袄您过年的时候好穿，另外这几件就给孩子们穿吧。一家人都暖暖和和地过年多好啊！衣服您先拿回去，其余的先放在这儿，您需要的时候再来取。"杜老头一声不吭地接过衣服就急匆匆地走出门去，似乎一点也不领掌柜的情。好在梅老翁也不在意这些，仍然目送着杜老头走远。

谁也不曾料到，就在当天傍晚，杜老头竟死在另一家当铺里。杜老头的亲属乘机状告那家当铺的掌柜，声称是他逼死了杜老头，这事在当地闹得沸沸扬扬。最后，那位当铺老板被拖得筋疲力尽，只好花钱了事。原来，杜老头因为穷途末路，无法可想，便打算以死解脱。当天，他是服了毒来到梅老翁的当铺闹事的，想以死来敲诈掌柜些钱财，好给自己的家人留条活路。没想到梅老翁却对他的无理取闹行为不予计较，即使吃了亏还帮助他，使他放弃了害这样一个善良的人的想法。

如果换作别的老板，面对像杜老头这么无理又难缠的顾客，说不定会和他大动干戈，甚至对他拳打脚踢，因为没有多少人愿意吃这样的明亏。可是梅老翁能屈能伸，宽容大度，硬是不和杜老头计较，反而帮助了自己。

生活中，人们对"吃亏"二字很是敏感，好像一不小心被它沾上就会成为倒霉鬼。而对于那些吃了亏的人，人们的眼神总是充满了怜悯。

有人问李泽楷："你父亲教了你哪些赚钱的秘诀呢？"李泽楷说，关于赚钱的方法父亲什么也没有教，只教了他一些为人的道理。李嘉诚曾经对李泽楷说，和别人合作，假如拿七分合理，八分也可以，那么拿六分就可以了。

李嘉诚的意思是，自己吃亏可以争取更多愿意与自己合作的人。想想看，虽然他只拿六分，但多了100个合作人，他现在能拿多少个六分？假如拿八分的话，100个人会变成5个人，结果是亏是赚可想而知。李嘉诚一生与很多人进行过或长期或短期的合作，分手的时候，他总是愿意少分一点钱。如果生意做得不理想，他就什么也不要了，愿意吃亏。这是种风度，是种气量，也正是这种风度和气量，才有人乐于与他合作，他的生意也就越做越大。所以，李嘉诚的成功得益于他能吃亏的境界。

能吃亏的人，其度量一定不会小，因为他能容忍在别人看来不公正的事情发生在自己身上，同时也能包容伤害自己的人。这样的人往往比那些锱铢必较的人更容易成大事，因为他的品行好，而他的品行直接决定了他的人际关系。所以很多时候，我们吃点亏又何妨？

> **哈佛人生智慧**
>
> 吃亏是人生的一门"必修课"。世界总是公平的，吃你亏的人多多少少会有些不安；而吃亏的你会从中学会了忍耐和包容。所以，不要怕吃亏。不怕吃亏的人心里充满阳光，在其表面的顺从背后，其实是一个豁达、宽容的世界。

6. 做人须带一份憨、一份痴

美国第九任总统威廉·亨利·哈里森小的时候不爱说话，偶尔说起话来总带着一点傻气。小伙伴都以为他是傻瓜，因此很喜欢与他开玩笑。他们会想出不同的方法捉弄他，为此哈里森的母亲十分伤心。

对于捉弄他的人，哈里森从不计较也不生气，于是越来越多的人认为他是个傻孩子。院子里经常有一些人想看看哈里森到底傻到什么程度，他们会将5美分和10美分的硬币扔到地上，让哈里森从中挑一个拿走。哈里森对着这两枚硬币，思考半天，最后选择拿走5美分的硬币。

那些捉弄他的人看到他竟然傻到连5美分和10美分的硬币都分不清，都捧腹大笑。从此，那些人每次看到哈里森都会用这个方式取笑他。能够看到大家笑，哈里森也觉得是件很开心的事。于是，每次有人让他挑硬币，他都会拿着5美分的硬币高高兴兴地走开，从未让大家"失望"过。

哈里森回到家里，母亲决定开导他："我教你怎样区分5美分和10美分硬币，以后他们再取笑你，你就拿走10美分让他们看看。"哈里森听了，笑着对母亲说："我知道怎么区分，我如果拿10美分的硬币，他们下次就不会再让我挑选了。"

母亲听了他的话才知道他并不傻，那些嘲笑他的人才是傻瓜。

世界上的聪明人数不胜数，真正能成大事者却少之又少，反倒是那些貌似呆板、忠厚笃诚的人容易成功。一些很有学问和修养的人看起来比较愚钝，他们既不与人钩心斗角，也不用心算计。正是由于这样，一些无知的人反倒取笑他们，在背后议论他们，并自以为聪明。

哈佛人生智慧

哈佛大学历来被认为是顶级学府和智慧的象征。然而，哈佛大学的教员们却始终这样教导学生："无论你有多么聪明，都不值得为此炫耀，因为真正的聪明人看起来都不聪明。"真正聪明的人总是大智若愚，甚至不惜装出一份憨、一份痴，等到合适的时机到来时才表现出自己真正的实力。

7. 小处让人，才能大处得人

很多年前，在Windows系统还没有诞生时，比尔·盖茨请一位软件高手加盟微软，那位高手对此一直不予理睬，最后禁不住比尔·盖茨的"死缠烂打"，同意见上他一面。但一见面，他就劈头盖脸地讥笑说："我从没见过比微软做得更烂的操作系统。"

比尔·盖茨没有丝毫的恼怒，反而诚恳地说："正是因为我们做得

LESSON 6
"人"字很好写，做人不简单

不好，才请您加盟。"那位高手愣住了。盖茨的谦虚把高手拉进了微软的阵营，这位高手后来成为 Windows 的负责人，终于开发出世界普遍使用的操作系统。

每个人都有争强好胜的虚荣和愿望，不愿使自己成为弱势群体中的一分子，所以很少有人具备示弱的智慧和勇气，更没有人愿意唯唯诺诺地低头服软。殊不知，想要昂起头来做人就必须先学会低头做人，想要得到别人的帮助就要先学会礼让别人。

1968 年的美国大选是民主党候选人纳尔逊·洛克菲勒与共和党候选人尼克松之间的对决。基辛格作为纳尔逊的智囊人物，立场自然与尼克松相对立。为帮助纳尔逊成功竞选总统，基辛格经常在媒体和公众面前大肆攻击和诋毁尼克松，他讥讽尼克松命中注定只配做个"老二"，并建议经验丰富的尼克松不如全力去竞争副总统的位置。

基辛格呼吁民众不要把选票投给尼克松，他声称尼克松可能会是美国历史上最具危险性的总统。即便如此，选举的形势还是日益朝着共和党倾斜，而民主党由于准备不利，渐渐处于下风，最终在大选中败下阵来。

基辛格作为民主党的智囊人物，此时实际上已经失去继续发挥作用的机会。失败者的结局当然是没落的，但是此时的尼克松并没有以一种胜利者的高傲姿态来挖苦对手，反而自降身份向这位几乎将自己骂绝的对手伸出橄榄枝，他真诚地希望基辛格能够加入自己的幕僚团队。尼克松当然有自己的打算，一方面基辛格的确是个出色的外交人才，另一方面当时的美国政府在民众心中的形象不断恶化，低调宽容的表现不仅可以缓和共和党与民主党的关系，还可以借此取得民众的支持。

尼克松后来多次约见基辛格，两人敞开心扉的交谈让基辛格转变了对尼克松的看法。基辛格甚至不吝赞美之词："在对外政策上，尼克松比1956年以来的所有总统候选人都要好。"他为尼克松宽大的胸怀以及高人一等的识人能力所折服。此后，基辛格开始登上政治舞台和国际舞台，积极为尼克松出谋划策。

礼让并不是示弱，而是态度上的低调和妥协，这是处事的一种方略。哈佛心理学家认为，人都有排斥外物的一面，但是又有希望融入外部环境的强烈愿望，没有人愿意主动树敌，给自己徒增烦恼。如果敌对的某一方能够率先做到谦让，一般来说，对方很有可能会做出一些积极正面的回应，投桃报李，很多时候都是相逢一笑泯恩仇。所以，征服对手最好的方法不是靠在力量上打压和击垮对手，而是依靠消除对方的敌对情绪，将其拉到自己的阵营。

哈佛人生智慧

美国石油巨头保罗·盖蒂说："做事最忌目光短浅，只见到眼前利益的人从来不会发现隐藏的机会。"我们要懂得进行人脉投资，如果能在小事上帮助别人、谦让别人，满足别人的自尊心，对方自然会愿意为你提供帮助。不要逞一时之勇，也不要留恋眼前的利益，只要你能真正做到放低自己的姿态，就一定会获得别人的真心。

LESSON 6
"人"字很好写，做人不简单

8. 妥协也是一种智慧

　　威廉·怀拉原本是全美职业棒球明星球员。40岁时，他因体力日衰被迫退休。退休之后，他没有像别人一样继续端着明星的架子混吃混喝，而是主动前去应聘保险公司的推销员。

　　他本以为凭借自己的知名度理应被录取，没想到却被淘汰。人事经理对他说："保险公司推销员必须有一张迷人的笑脸，而你没有。"威廉·怀拉听了经理的话，不但没有生气，反而决定放下身段，回家苦练笑脸。他每天在家里放声大笑百次，搞得邻居以为他因失业而发疯了。经过一段时间的练习，他又去见保险公司的经理。经理却说："还是不行。"威廉没有泄气，继续苦练。为此，他专门收集了许多公众人物迷人的笑脸照片，贴满屋子，以便随时观摩学习。后来，他买了一面与身体等高的大镜子摆在厕所内，以便观察自己的进步。隔了一段时间，他又去见经理，经理冷淡地说："好一点了，不过还是不够吸引人。"

　　威廉不认输，回到家之后又加紧练习。有一天，他外出散步时碰到社区的管理员，很自然地笑了笑，和管理员打了个招呼。没想到管理员对他说："怀拉先生，你看起来和过去不大一样了。"之前的他也会笑，也会和人打招呼，但是从不和社区管理员打招呼，也不愿意对自己不喜欢的人笑。他突然明白，自己虽然每天练习笑容，但是这种行为并不是发自内心的，而是为了获得这份工作。于是，他转变了想法，对每个人都露出发自内心的微笑。后来，他终于征服了那位挑剔的经理，成了一名保险推销员，再后来，他用这迷人的微笑征服了许多客户，获得了成功，他的笑容被称为"价值百万美元的微笑"。

不管一个人多么富有、多么心高气傲，都难免要在生活的胁迫面前弯下腰。怀拉曾经是耀眼的明星，但是他退休之后并没有继续摆明星的架子，而是主动去应聘推销员的工作，并征服了挑剔的经理，赢得了美好的职业前景。

懂得妥协的人通晓人情世故，能屈能伸。一个人若是处处抢风头，很容易成为众矢之的，这就是所谓的"树大招风"。所以，在该妥协的时候就不要逞强，要学会降低自己的身段。

三国时期，曹操邀请刘备赴宴。刘备因为不知曹操的用意，心里一直惴惴不安，但表面上依然开怀畅饮，无所顾忌。二人喝到正酣时，天空中忽然乌云密布，暴雨即将到来。这时，曹操对刘备说："你游历四方，一定十分了解今世的英雄吧。可以说说你对这些英雄的看法吗？"刘备想了想，便相继说出了自己对袁术、袁绍、刘表、孙坚、刘璋、张鲁、张绣等名人志士的看法。谁知刘备刚一说完，曹操便哈哈大笑着说："这些人都是些碌碌无为之辈，怎么能称得上英雄呢？"刘备谦虚地说："我知道的就这些，丞相您有何高见呢？"曹操说："若要论英雄，当然需要胸怀大志。"刘备继续追问道："那丞相认为当今世上有谁能够担此大任呢？"

曹操又是一阵大笑，然后用手指指刘备，又指指自己道："当今天下英雄中，能担当此任的恐怕只有您和我曹操了。"刘备一听此言，吓得不轻，手中的筷子一下子掉到地上。正赶上外面雷声轰鸣，风雨交加，刘备便故意慌乱地弯下腰捡起筷子，语气不稳地说："这雷声太大，太吓人了。"曹操笑得更为放肆，讥讽道："大丈夫连雷声都会害怕吗？"刘备小声说："电闪雷鸣，风云变色，这样的天气难道还不够吓人吗？"曹操听了刘备的话，心里想：刘备也不过如此吧！

LESSON 6
"人"字很好写，做人不简单

谁都明白，其实刘备也是胸怀大志之人，他在曹操面前故意表现出懦弱，是为了让曹操觉得他胸无大志，从而不会时刻提防着他。聪明的刘备借助这样一个机会打消了曹操的疑虑，为自己事业的发展赢得了一个和平安稳的环境。

人行于世，如走钢丝，但如果我们能拥有能屈能伸的胸襟，达到屈伸自如的境界，即使遭遇再多的曲折艰辛、再多的心机暗算，也会平安无事。所有的挫折和耻辱将全部在屈伸的转换中化作奋起的力量，推动你去追逐前方更大的成功。

哈佛人生智慧

哈佛大学心理学博士岳晓东说："具有良好心理素质的人大多能屈能伸，受得住委屈，吃得了苦。"当我们不得不低头的时候，一定要暂时服软，以求得眼前的安全。只要我们心中明白，暂时的委屈就是为了长远的利益，那么一时的牺牲又何足挂齿呢？当你以谦卑打消别人的提防和警惕时，你就可以养精蓄锐、蓄势待发了。

LESSON 7

思考的深度决定前进的广度

　　哈佛大学最看重的是学生的创新能力和独立思考能力,学生一入校就会被反复教导:"你们到这里来,为的是学会思考。"与自然界的其他生物相比,人渺小得很,却统治着世界,原因无他,只因人能够思考。思考是人与生俱来的能力,虽然它并不一定得出真理,但是不思考却必然走向迷茫。思考是个人成长、成熟的必经之路,不思考的人难以成长,难以有所长进,更难以走向成熟。因为对人生有了思考,有了感悟,才会更加懂得如何去生活。

1. 居安时要懂得思危

一个风和日丽的下午，野狼在草地上努力地磨着牙齿。狐狸路过时很奇怪地问道："狼大哥，你看现在草原上是如此宁静平和，即使你不来和我们一起玩耍游戏，也可以躺下来晒晒太阳，为什么辛苦自己去磨牙呢？"野狼继续磨牙，头也不抬地回答道："草原上随时会有猎人和凶残的猎狗追捕我，还有狮子、猎豹对我虎视眈眈，我要磨尖我的牙齿随时保护自己。"狐狸摇摇头走开了。

等到天色已晚，野狼还在那里不知疲倦地磨牙。狐狸见了实在忍不住，再次劝道："快和我们一起参加晚间的舞会吧，猎人已经带着猎狗回家了，狮子也回去休息了，草原上已经没有危险了，何苦总是这样辛苦自己呢？"野狼歇了口气说道："我磨牙是为了对付以后可能出现的危险。等到猎人和狮子出现在面前的时候，我再磨牙就来不及了。而利用现在比较安全的时候认真磨牙，等危险出现的时候就可以做有效的抵抗了。"

很多时候，一些事情在出现端倪但还没有发生变化时，有的人就会提前注意到，同时努力做到未雨绸缪，以免量变引起质变，最后导致不可挽回的失误。我们在生活中要始终保持忧患意识，懂得防患于未然，这样就可以避免很多不必要的麻烦。

一家人请朋友吃饭，朋友临走时看见主人家的烟囱是直的，房屋周围又堆满木材，便对主人说："你家的烟囱应该换成弯曲的，周围的木材应该移走，否则将来可能会发生火灾。"主人听了不以为意。不久，

LESSON 7
思考的深度决定前进的广度

主人在家做饭的时候，外面刮起大风，将烟囱里的火星吹到了周围的木材堆上，很快木材便燃起了大火。四周的邻居纷纷跑来帮忙救火，最后火被扑灭了，没有造成多大损失。为表示感谢，主人杀猪宰羊宴请四邻。有人对主人说："你应该宴请当初建议你改造烟囱、移走木材的朋友，如果你听了他的话，今天就不会发生火灾了！"

许多成功者之所以能够取得成功，是因为他们能够见微知著，能够参透事物本身，抓住别人没有发现的机会，进而取得成功。有忧患意识的人不仅能够占尽先机，还能在事情向坏的方面发展时及时发现苗头，将其扼杀于萌芽状态，避免可能的错误。

大富豪李嘉诚拥有一个巨大的商业帝国。一次，有一位记者问李嘉诚："你获得了如此辉煌的成功，依靠的是什么？"李嘉诚回答说："学习，不断地学习。"的确，这就是李嘉诚成功的秘诀！他从小勤奋好学，在任何情况下都不忘记读书学习。

年轻时的李嘉诚一边打工，一边坚持学习。创业之后，他依然没有放弃学习。每天晚上睡觉前是他雷打不动的看书时间，有时他一天工作多达十几小时，却仍然坚持学习外语。他曾聘请一位私人教师每天早上七点半给他上课，上完课他再去上班。

正是因为苦读英文，李嘉诚与其他来香港发展的企业家产生了巨大差别。因为懂得英文，李嘉诚可以直接飞往英国和美国，参加各种展销会，在谈生意时可以直接用英语和外资顾问、银行高层打交道。

如今已是耄耋之年的李嘉诚仍然喜爱读书，每天都坚持不懈地读书学习。他说："在知识经济迅速发展的年代，如果你有资金但是缺乏知识，没有最新的信息，无论从事哪一种行业，你越拼搏，失败的可能性就越大。但是如果你有知识、没有资金的话，小小的付出都会有很大的回报，并且成功的概率要大很多。和十年前相比，知识和资金在通往成功道路上的作用是完全不同的。"

李嘉诚之所以坚持学习，是因为他有强烈的忧患意识，能够居安思危。其实，我们每个人都应该懂得居安思危的重要性，以防止被不断进步的竞争对手和时代淘汰。不够勤奋的人总是容易忽略身边的危险，轻视潜在的对手，最终酿成苦果。

> **哈佛人生智慧**
>
> 管理学大师理查德·帕斯卡尔说："21世纪，没有危机感便是最大的危机。"居安思危是一种正确的心态，只有时刻保持危机感，才能时时努力、时时进步。不论你沿着怎样的人生轨迹前行，都应该心存危机意识、小心谨慎、居安思危，这样才能将顺境保持住，把逆境转为顺境。

2. 人生最困难的事莫过于抉择

1944年，艾森豪威尔指挥英美联军准备横渡英吉利海峡，在法国诺曼底登陆。这次登陆事关重大，英国和美国为这场战役投入了巨大的人力、物力。然而，就在一切准备就绪、蓄势待发之时，英吉利海峡却突然风云变色、巨浪滔天，数千艘船舰只好退回海湾，等待海面恢复平静。结果一等就等了四天，倾盆大雨连绵不绝，数十万名士兵被困在岸上，进退两难。正当艾森豪威尔苦思对策时，气象专家送来最新的报

LESSON 7
思考的深度决定前进的广度

告,报告显示天气即将好转,狂风暴雨将在三小时后停止。艾森豪威尔明白这是千载难逢的好机会,可以攻敌人于不备,但是也暗藏危机,万一天气没有好转,很可能就会全军覆没。

艾森豪威尔经过慎重的考虑,在日志中写下:"我决定在此时此地发动进攻,是根据所得到的最好的情报做出的决定……如果事后有人谴责这次行动或追究责任,那么一切责任应该由我一个人承担。"然后,他立即下达了横渡英吉利海峡的命令。倾盆大雨果然在三小时后停止,海上一片风平浪静。英美联军顺利在诺曼底登陆,扭转了不利形势。

在生活中,我们总是要面对各种各样的选择,选择学校、选择工作、选择配偶等。虽然这些选择有大有小,但是每一个选择都是重要的。因为每一个选择都代表着一个方向,你选择了它,就代表着必须按照它的方向前进。如果你中途后悔,折身回来,意味着你对此付出的努力将要白费;如果你走到终点才发现路的尽头不是你想要的风景,则为时已晚。所以,在我们做每一个决定之前,一定要慎重。只有选对路,你才能获得想要的成功。

有一个十分勤奋的年轻人在各方面都比身边的人强,可是身边的人总能获得不同的成功,而他似乎从未成功过。他觉得上天对自己很不公,并因此而苦恼、悲愤。这时候,他听说不远的山里有一位智者,便毅然决定向这位智者求教。

智者听了年轻人的讲述以后,叫来自己的三个弟子,叫他们和年轻人一起到山里去砍柴,然后每个人只要挑一担自己认为最满意的木柴回来就行了。

当年轻人和三个弟子赶回来的时候,智者已经在等候他们。只见年轻人汗流浃背地扛着两捆柴跟跟跄跄地走回来，而两个弟子一前一后地跟在年轻人身后。前面的弟子用扁担左右各担四捆柴赶着路，看样子也不是很累，而后面的弟子则空着手轻松地跟着。

就在三人放下柴的时候，从江面划来一个木筏，只见上面站着第三个弟子和八捆柴。须臾，木筏停在众人的面前，大家你看我，我看你，都不作声。

智者问："你们对各自的表现都满意吗？"

年轻人擦着满脸的汗水说："大师，请您再给我一次机会吧，我一开始砍了六捆柴，可是扛到半路实在扛不动，便扔了两捆。后来，越扛越吃力，我就又扔了两捆。虽然我只扛回来两捆柴，可我真的尽力了。"

另外两个弟子说："我俩每人只砍了两捆柴，然后我们把这四捆柴用扁担挑着，跟在年轻人身后，走一段就轮换着挑一会儿，并不怎么累。这不，半路上我们还把年轻人丢掉的柴一并挑回来了。"

而用木筏的弟子则说："我个子小，力气小，不要说两捆，就是一捆，我也不一定能扛得回来。所以我想了想，只好选择走水路。"

智者听完各人的说辞，轻轻点了点头，然后对年轻人说："一个人坚持走自己的路固然没错，但关键是走的路是否正确。"

年轻人恍然大悟。

故事中年轻人的经历我们很多人感同身受。很多时候，我们努力了，却无法获得成功，这不能不说是十分令人沮丧的。这时候，如果我们再把其中的原因归结于时运不济，那么毋庸置疑，我们将会继续"有志难伸"。就像这位年轻人，即便以后付出更多努力，继续做许多无谓的尝试，如果他不改变自己努力的方向，终将难以获得满意的结果，更无法超越他人。

在生活中，我们一定要做个"明白人"。何为"明白人"？就是能够明确自己该做什么、不该做什么，然后适时地选择做该做的事情，走正确的道路，这是获得成功的必备宝典。

> **哈佛人生智慧**
>
> 对你已经做的、正在做的和将要做的选择坚定信念，能够做出正确的选择，未来就掌握在你的手中。不要再哀叹自己的付出与回报不成正比，也不要羡慕别人"随随便便"就能获得成功。

3. 有正确的预见等于成功了一半

1984年，在东京国际马拉松邀请赛中，名不见经传的日本选手山田本一出人意料地夺得了世界冠军。就在全世界的人都好奇他凭什么取得如此惊人的成绩时，他在自传中这样写道：

"每次比赛之前，我都要乘车把比赛的线路仔细看一遍，并把沿途比较醒目的标志画下来，如第一个标志是银行、第二个标志是一棵大树、第三个标志是一座红房子……这样一直画到赛程的终点。

"比赛开始后，我就以百米的速度奋力向第一个目标冲去，等到达第一个目标后，我又以同样的速度向第二个目标冲去。40多千米的赛程，就被我分解成一些小目标轻松地跑完了。起初，我并不懂这样的道理，我把我的目标定在40多千米外终点线上的那面旗帜上，结果我跑到十几千米时就疲惫不堪，我被前面那段遥远的路程吓到了。"

可见，目标的力量是巨大的。不过这个故事更加强调的是：在大目标下分出层次，分步实现大目标是更明智的规划方式。

古语说："凡事预则立，不预则废。"意思是说，不论做什么事，事先有准备就能获得成功，不然就会失败。的确，一个人能有多远的目光，就会有多大的成就。一个"思接千载"的人必然能够"视通万里"，必然会有相当远大的愿景，而一个没有预见性的人当然不会有什么远大的人生目标。

预见性是指思考未来的能力。一个人若想得到良好的发展，离不开远见卓识。只有具备远见的人才能看清前进的方向，把握时机，才能见机而行、相时而动，取得成功。相反，一个急功近利的人不可能有发展的眼光，不可能会考虑到长远目标，也就不能把握好时机，成为激烈竞争社会中的胜利者。

"久久丫"的创始人顾青开的咨询公司曾让他赔光了之前所有的积蓄。此时的顾青正处在事业的瓶颈期，他找不到自己的方向，因此感到十分苦闷。顾青有一个嗜好，就是爱吃武汉鸭脖子，特别是在郁闷的时候，这个嗜好每天都陪伴他。顾青有时候边吃边想，这么好吃的东西怎么到现在都没有一家像样的店来经营，全是一些家庭手工作坊在做。同时他发现，喜欢吃这种东西的人非常多，于是他决定抓住这个机会，开始卖鸭脖子。

他向朋友借了50余万，注册了"久久丫"商标，然后租了2000平方米的厂房，厂房里冷库、解冻间、蒸煮间、冷却间、包装间等一应俱全。车间里有消毒池，通风性能良好并配有空调等冷却系统，一切都按国际企业标准设计，之后开始生产。顾青占据了天时，因为当时没有人

LESSON 7
思考的深度决定前进的广度

像他一样大张旗鼓地做这一行业，所以一开始还算顺利。2002年，他在上海开了第一家店，但是没想到这家店开业第一天只卖掉了80块钱的货，并且在很长一段时间内一直销量不佳。

顾青觉得自己生产的鸭脖子质量很好，没想到会卖不出去。后来他发现原来是店址选得不好，那里很少有人走动，根本不占据地理优势。鉴于此，他重新选址，又开了一家店，结果每天店里的鸭脖子都供不应求，几个月内他便在上海成功地开了二十几家连锁店。后来他的店又开到了北京、深圳、广州等全国各大城市，成为知名品牌。

因为没有人投资这一产品，又因为很多人喜欢这一特色美食，所以顾青占了天时。而他选择了一个人口众多、有利于推广产品的地方，又占据了地利。因此，他能够在很短的时间内取得成功。

俗话说"人无远虑，必有近忧"。不考虑将来的人、没有预见性的人只看到眼前利益，目光短浅，看问题不能看到本质，不能预测事情的未来发展方向，也就不会做好规划，因此是不可能取得什么成就的。

哈佛人生智慧

哈佛大学医学博士、美国成功学奠基人和伟大的成功励志导师奥里森·马登说："把梦想变为现实，一定要做三件事。第一，要有正确的预见；第二，深入思考；第三，付诸行动。"正确的预见是保证正确行动的必然前提，是实现目标的关键所在。有正确的预见，心中便有了一幅宏伟蓝图，我们就能够从一个成就走向另一个成就，就会踏入更高、更好、更令人快慰的境界。

4. 反思让自己更成熟

一位男生和一位女生一起参加某公司的招聘考试，该公司安排两人分三天做三次考核。第一次考试，男生取得95分，而女生则以90分落后于他。第二次考试试卷发下来时，男生感到纳闷，因为试卷与第一次完全一样。但监考人员说没有错，他便懒得去想，潇洒地重做了一遍。第二次分数出来后，他还是以95分位居第一，那位女生还是排在第二，不过这回她得了93分。

第三次考试依然准时进行，令他意想不到的是，这次试卷仍然和前面两次完全相同。监考的人员还是那句话："认真答卷，不要有疑问！"两位考生老实地又答了一遍。当男生自信而从容地用不到半小时即完成试卷时，瞥了一下那位女生，她似乎还在绞尽脑汁冥思苦想，时而修改，时而补充，直到考试结束，她才把试卷交上去。

第三次考试成绩公布了，男生依然是95分，只是这次女生也考了95分，但男生一点也不担心被挤下来，因为他觉得自己足够优秀。可是第四天公布的录用结果却让他大吃一惊：公司录取的竟然是那个女生，而不是他！

总经理笑着告诉他："我们很欣赏你的分数，但我们没有承诺谁考了最高分就录用谁。不错，你每次都考了最高分，可惜你每次的答案都一模一样、一成不变。如果我们经营公司也像你答题一样，总用一种模式去经营，能摆脱被淘汰的命运吗？我们需要的员工不但要有才华，更应该懂得反思。善于反思、善于发现错漏的人才能有进步。职员有进步，公司才能有发展。我们之所以用同一张试卷对你们进行考试，不仅

LESSON 7
思考的深度决定前进的广度

仅是考你们的知识,也在考你们的反思能力。"这一番话说得他哑口无言,羞愧难当。

一个不善于反思甚至不反思的人是不会有所成长的。所谓反思,就是通过思考来审视自己,检讨自己的言行举止,看自己哪里犯了错,看看有没有需要改进的地方,为以后做准备,尤其是当同样的事情再次发生时,能够做出改正,要做到比第一次更好。

越王勾践被吴王夫差打败后,被迫在吴国为夫差驾车、打扫庭院多年,后来因为表现良好而被释放回越国。

回到越国之后,他决定发愤图强,灭吴复仇。他为反思失败的原因,晚上睡在杂草上,用戈做枕头,并在自己的屋门口挂了一个苦胆,每次出入房间都要尝一下它的味道,以此警醒自己不要忘了灭国之耻,牢记洗清国耻的愿望。

经过深刻反思,勾践找出了自己治理国家的不足之处以及政策的缺陷,并牢记失败的教训,与百姓同甘共苦,积蓄力量。经过几年的充分准备,越国实力大增,终于打败了吴国。而吴王夫差却从不进行反思,不仅没有记住父亲阖闾被勾践杀死的仇恨,也不听取大臣伍子胥的意见,扬扬得意于过去的辉煌,丝毫不懂得反省自己的得失,致使自己遭受灭国之耻。

因为反思,勾践三千越甲可吞吴;因为不懂反思,夫差死在勾践手中。在临死前,他羞愧地说自己无颜见伍子胥,所以蒙面自杀。

反思就是对过去的事情进行思考,不论是成功的,还是失败的,希望从中找出有益于将来的经验与教训。古往今来,许多成功人士是在对昨天的事情进行不断反思之后,才取得明天的成功。

> **哈佛人生智慧**
>
> 　　曾就读于哈佛大学计算机和心理学系、美国社交网站Facebook创始人马克·扎克伯格说:"读大学时,我犯下了许多愚蠢的错误,对此我并没有找借口,而是认真反思。"反思能够使人更成熟。因为人们在反思中不断地去思考自身、了解自己、改进自己,所以在工作、学习与生活中也就能够不断地改进自己、提高自己,并最终走向成功。

5. 思想有多远,就能走多远

　　多年前,在美国新泽西州的车站,一个衣着褴褛的人从一列货车上跳了下来。他叫爱德温·巴尼斯,是一个街头流浪汉。与其他流浪汉不同的是,他一直希望自己能够成为大发明家托马斯·爱迪生的合伙人。

　　来到爱迪生的公司后,他明确告诉接待者,自己要成为爱迪生的合伙人,他的不自量力遭到了职员们的无情耻笑。

　　但是,巴尼斯并没有因此而放弃。当爱迪生听说了他的请求以后,破例允许他担任公司的清洁工与设备维修工。巴尼斯在这一职位上一做便是多年,直到有一天,他听到爱迪生的销售人员正在嘲笑一件新发明——一台口述记录机。所有人都认为它一定卖不出去,秘书明显比机器更好用。此时,巴尼斯站了出来:"让我来吧,我可以将它卖出去!"

　　从此,他从清洁工变成了推销员。在一个月的时间里,巴尼斯跑遍了整个纽约市。长久的努力终于获得回报,他卖出七部口述记录机。当他拿着拟订好的全美销售计划来到爱迪生的办公室时,他终于实现了自己的目标:成为爱迪生口述记录机的商业销售伙伴。

事实上,为了做到这一点,在这之前,巴尼斯几乎将一切都放弃了,他时时刻刻想到的就只有一点:与爱迪生成为合作伙伴。他总是将自己当成爱迪生的合伙人,并以合伙人的身份去思考问题。

换句话说,在正式成为爱迪生的合伙人之前,他便已经为自己做出了清晰的定位:成为爱迪生那样的成功者。虽然现实生活中他一直是一个微不足道的小职员,但在思想上他早已是一个国王。

人的思维能到什么高度,决定他的成就能有多大。思维有多深,一个人在成功之路上就会走多远。

有三个工人在砌一堵墙,有人经过时问他们在干什么。甲说:"我们在砌墙。"乙说:"我们在建造高楼大厦。"丙说:"我们在建设城市。"若干年之后,甲依旧在砌墙,乙成了建筑工程师,而丙则成了城市规划设计师。

这个故事也是想告诉我们,一个人的思维有多深,他就会在成功的道路上走多远。那些不愿意进行深度思考的人往往只能原地踏步,直至生命结束也不会有任何成就。

美国流传着这样一个故事:在西部淘金狂潮时,许多人前赴后继地跑到阿拉斯加等黄金产地疯狂淘金。但是有些人不是去淘金,他们发现,在淘金的地方很难找到水源,所以干净的水在这里就成为最为稀缺的物品，于是他们就从外地运水去卖。那些淘金者为了生存，只好用挖出的金子来交换水。

几年过去了，真正淘到金子的人没几个，而在路边向淘金者卖水的人却都赚了大钱。最后，淘金的人大多死于饥渴，而卖水的人却大多衣锦还乡。为什么卖水的人却成了真正淘到金的人呢？原因就在于，卖水的人根据当地情况，打开自己的思维，想到了一条更好的出路。反正都是为了致富，卖水既然也能致富，并且更简单、更安全，何不去卖水呢？

条条大道通罗马，成功的道路也有千万条，只要认真去寻找，总会找到一条适合自己发展的道路。这就需要我们练就一双慧眼，能根据自身条件，多进行思考，选择一条与众不同的、适合自己走的成功之路。

哈佛人生智慧

哈佛大学第21任校长艾略特说："人类的希望取决于那些知识先驱者的思维，他们所思考的事情可能超过一般人几年、几代人甚至几个世纪。"人生充满成功的种种可能，只要你敢想，并付诸努力。成功有时仅仅是在别人忽视一次机会时，你将它捕捉住了。而能否捕捉到稍纵即逝的机遇就要看你有没有超人的深度思维。

6. 转变思路，问题迎刃而解

有一家酒店因为生意很好而顾客爆满，但是酒店在建造时只在内部

LESSON 7
思考的深度决定前进的广度

安装了一部电梯。现在顾客越来越多，所以上下楼的速度大受影响，导致许多房客十分不满。为解决这一问题，老板找来建筑师希望他对此做出改善。但是建筑师想了好几天都没有想出一个解决办法。

有一天，老板和建筑师在大厅里因为此事而吵起来，一个清洁工站在那里听到了。他大胆地走上前去跟老板说："如果我是建筑师，我会选择在楼外面安装一部升降机。"老板和建筑师一听豁然开朗，在外面安装一部电梯不仅非常简单，还能够解决上下楼难的问题。原本很难解决的问题，只要换个角度思考，一下子就变得十分简单。

在通常情况下，人们的思维方式是比较有效、经济的，能解决大部分常规问题，但有时常规思维并不能解决一些非常规的问题。而且人类是懒惰的动物，一旦思维的方法模式化后，就很难用别的方法对问题予以思考。所以，为了能够不使自己的头脑僵化，能够不断地转换思路，就必须打破固有的思考模式。

一天早上，一位牧师正在准备讲道的内容，他的儿子在一边哭闹不休，让他十分心烦。为了转移儿子的注意力，他将一幅颜色鲜艳的世界地图撕成许多细小的碎片丢在地上，然后对儿子许诺说："小约翰，你如果能拼起这些碎片，我就给你二角五分钱。"

牧师以为这件事会使儿子花费上午的大部分时间，但是没有想到的是，才过了不到十分钟，小约翰便拼好了。牧师惊讶地问："孩子，你怎么拼得这么快？"小约翰很轻松地回答道："在地图的另一面是一个人的照片，我把这个人的照片拼在一起，然后把它翻过来。我想，如果这个'人'是正确的，那么这个'世界'也就是正确的。"

这个故事告诉我们，如果你的思维遇到瓶颈，不妨换个思路。倘若你的思路是正确的，问题很可能迎刃而解。美国思想家史坦利·阿诺德说："每一个问题都隐含解决的种子。"这句话强调了一项重要的事实，那就是每个问题都有解决之道。问题本身就包含解决的办法，只是需要人们开动自己的脑筋，找出解决问题的办法。

日本某毛纺厂生产一种呢子衣料，因为机器出现问题，所生产的呢子面上总是有许多白色斑点，结果造成产品积压，无法销售，工厂几乎陷入困境。这时厂里的设计人员突发奇想，既然呢子上的白色斑点怎么都消除不了，那么能否将这些斑点由瑕疵变成装饰呢？于是他们在生产中就刻意追求那种效果，将斑点加大，最后生产出一种别具一格的产品，名叫"雪花飘"。"雪花飘"刚一上市便成了抢手货。厂里的人都称这种经营方式为"歪打正着"。

一家日本大型体育用品公司也曾采取过违反常规的方案。他们设计的鞋子虽然十分合乎人们的生理需求，但是在市场上没有任何影响，结果公司的设计部想出了一个别人绝对想不到的办法，起用外行搞新产品设计，原因是外行头脑中没有条条框框，反而更有可能想出个性强的新点子。果然有一位足球教练（不折不扣的外行）经过认真设计和研究，为这个公司推出了一款前所未有的运动鞋——散步鞋。这种鞋子一投放到市场上就大受欢迎，甚至刮起了一股强劲的散步风潮。正如前伦敦商学院战略及国际管理教授加里·哈梅尔所说，"改造各行各业的人往往是外来者，因为他们没有成见。"

人们往往会对一些常见的事物形成思维定式，因此以固有的思维方式思考新的问题。但是有些事情是在不断变化的，有些事情则是从未发生过的。如果还以固定的思路来思考，必然找不到解决问题的方法。所以，我们需要转换视角，换个角度思考，就会产生新的思索，产生超常的构思和不同凡俗的新观念。

> **哈佛人生智慧**
>
> 思路决定出路，头脑是否敏捷对成功至关重要。只有思维灵活的人，才能在变化中生存和发展。当你觉得事情的发展与预期不相符时，要及时果断地摒弃旧有思路，换个思路，说不定问题就会迎刃而解。

7. 光想不做只能生产思想垃圾

约翰·戈达德是世界著名的探险家，他用一生的时间去探险，终于完成了一生的愿望。

8岁那年，约翰·戈达德在祖父那里被一幅世界地图吸引，他幼小的心灵仿佛长了翅膀一样，在世界各地遨游。为实现自己的梦想，15岁那年，约翰·戈达德花费大量时间撰写了《一生的愿望》，其中包括要到尼罗河、亚马孙河和刚果河探险；驾驭大象、骆驼、鸵鸟和野马；读完莎士比亚、柏拉图和亚里士多德的著作；谱写一部乐曲；拥有一项发明专利；给非洲的孩子筹集100万美元捐款；写一本书等。在书中，他罗列了127项目标，并开始了人生的旅程。

约翰·戈达德在多年的世界游中，坚决按照计划的路线和内容进行，为的就是避免将有限的时间和金钱浪费在不该做的事情上。最终，他成功了，他的梦想一一照进了现实。

约翰·戈达德的成功就在于他能把想到的事情付诸行动。然而，在现实生活中，很多人只沉浸于幻想，却没有一点行动，这些人注定会度过平庸的一生。他们将自己的平庸归罪于不可改变的过去，或归罪于不可控制的命运。他们整天沉浸在梦中，却不知道成功要靠行动来实现。

拉瑟福德·伯查德·海斯从哈佛大学毕业后，开始了律师生涯。美国南北战争时期，他看到周边的人都在谈论战争，很多人说想要参加战斗。当别人只是嘴上说说的时候，他已经报名参军，准备好投身战场。不久后，他便因战功卓著而屡次晋升，直至少将军衔。战争刚结束，拉瑟福德·伯查德·海斯便将目光投向政坛，他以"说到肯定做到"的行事风格著称，两度当选国会议员，三度出任俄亥俄州州长。最终，在1876年大选中，他一举获胜，成为美国总统。

没有雄心的人往往行动不定，怀有幻想却不行动的人必定以失败而告终。唯有行动能给生活以力量和快乐。社会总是以人的行动来确定人的价值，谁会用思想感情测试一个人的才能？如果总是停留在思想上而不行动，你又怎能表现你的能力？

有一个美国女孩叫西尔维亚，她拥有优越的家庭条件，父亲是知名的外科医生，母亲担任大学教授。她从小就梦想当一名电视节目主持人，父母都十分支持她，并打算为她提供一切经济条件与社会关系。她觉得自己有主持人的天赋，因为每当她和别人沟通时，大部分人愿意亲近她，因此她总能从别人嘴里掏出心里话。她自己常想："只要有人愿

LESSON 7
思考的深度决定前进的广度

意给我一次上电视的机会，我就一定能够取得成功。"但是她为达到这个理想做了些什么呢？什么都没有！她在等待奇迹的出现，希望一下子就当上电视节目主持人。西尔维亚不切实际地期待着，结果什么奇迹也没有出现。谁也不会请一个毫无经验的人担任电视节目主持人，况且本来电视节目的主管就没有兴趣到外面去搜寻人才，因为从来都是别人去找他们。

西尔维亚没有实现的理想却被另一个名叫辛迪的女孩实现了。辛迪能够成为著名的电视节目主持人，是因为她知道理想如果不用实际行动去实现就只能停留在空想阶段，一切成功只有靠自己的努力才能得来。她没有西尔维亚那样优越的家庭条件，所以从没想过坐等机会的出现。她白天工作，晚上还要上夜校。得到学历后，她开始谋职。她跑遍了洛杉矶每一个广播电台和电视台，所有人对她的回答都差不多："我们不会雇用没有经验的人。"辛迪没有退缩，也没有消沉，而是走出去寻找机会。她一连几个月仔细阅读广播电视方面的杂志，终于看到一则招聘广告：北达科他州有一家很小的电视台招聘一名预报天气的女主持人。辛迪是加州人，不喜欢北方。但是为了实现理想，她别无选择。辛迪抓住这个工作机会，顺利通过面试，成为一名天气预报主持人。在那里工作两年后，辛迪回到洛杉矶，在电视台找到了一份工作。又过了五年，她得到提升，成为她梦想已久的节目主持人。

为什么西尔维亚失败了，而辛迪却成功了？因为西尔维亚一直停留在幻想中，而辛迪则是主动采取行动，为梦想付出努力与牺牲，最后终于实现了梦想。事实证明，再好的梦想都需要用实际行动做保障，一切成功都要靠努力去争取。

> **哈佛人生智慧**
>
> 　　比尔·盖茨说:"成功开始于想法,但是只有想法却没有付出行动,还是不可能成功的。"如果你渴望成功,就要立刻行动起来,不要有任何耽搁。要知道世界上所有的计划都不可能帮助你成功。要实现理想就得赶快行动,人生的历程就是一日日地积累,成功的人生只能从零起步。

8. 听大多数人的意见,自己做决定

　　在一次会议上,微软总裁比尔·盖茨受到严厉指责,一名技术员指出公司开发的网络浏览器滞后。盖茨沉默片刻之后便进行了一番自我检讨,并向与会者诚恳道歉,然后迅速做出开发新浏览器的决定。盖茨后来谈起这件事时说:"我不想在面子问题上浪费时间,那是没有意义的。特权会使人腐化,而我想保持前进的动力。"比尔·盖茨没有因为自己是总裁而不去听取他人的意见,这也许是他能够成为超级富豪的一大原因吧!

　　听取别人的意见并不是以别人的意见为前提做出决定,而是在综合考虑别人意见的前提下,以自己的意见为主要标准来做出决定。毕竟别人只是站在他的立场上发表一些无关痛痒的言论,而不是站在你的立场上进行考虑。

　　美国成功学大师拿破仑·希尔在《思考致富》一书中说:"发不了

LESSON 7
思考的深度决定前进的广度

财的人通常是容易受到别人意见影响的人。他们容忍闲言碎语，容忍别人的意见，容忍记者按照自己的想法进行报道。意见是世界上最廉价的东西，每个人都有一大堆的意见想要告诉任何愿意倾听的人。如果你在做出决定的时候非常容易受到其他人意见的影响，那么做任何事情都不会成功，尤其是在把自己的欲望转变成金钱方面更不会成功。"

日本励志大师堀场雅夫在他的著作《不要听别人的话》中指出："现在依赖性强的人越来越多，他们不愿意去思考，什么事都请别人发表看法。事实上，在面对严峻问题时，解决问题的方法大多是自己绞尽脑汁想出来的，世上没有听了别人的意见就能顺利解决问题那么简单的事情。"

作为一个特立独行的思考者，当然要有独立思考的能力，不应为别人的思想所影响，甚至左右。但是，这并不是说一点儿也不听取别人的意见。能够独立思考的人，智商要比一般人强，但是仅凭一个人的力量不可能取得真正意义上的成功。

一个人在人生中，光靠自己的力量是不够的，必须依靠或者借助别人的力量。而要想借助别人的力量，最重要的就是要借助别人的头脑，也就是听取别人的意见。俗话说"三个臭皮匠，顶个诸葛亮"，别人的意见必然有可取之处，有自己考虑不到的地方。所以，聪明的独立思考者一定会注意听取大多数人的意见，然后做自己的决定。

哈佛人生智慧

　　哈佛大学首位女校长福斯特在一次毕业典礼上嘱咐道："没有人可以左右你们的生活，除了你们内心深处那个最真实的自我。你们的生活意义将由你们一手创造。"每个人都要学会听取他人的意见，并且要认真听取，争取能够从中得到有益于自己的信息，从99%的噪声中筛选出1%的信息，然后以自己的意见为主，对这1%的有用信息综合进行考虑，果断地做出真正有利于自己的决定。

LESSON 8

看清自己，才能看清这个世界

  毕业于哈佛大学的美国第二任总统约翰·亚当斯说："人贵自知，真正了解自己，才能够掌握自己的人生，才能更好地发挥自己的长处和规避自己的短处。"在你内心深处，有足以实现个人最高生活目标的力量，也正是这种力量，使你的生活拥有了真正的意义。打开内心力量的源泉，你才有机会认识自我，对自我能力进行锻炼和提高。想要最终到达幸福与快乐的彼岸，也许没有捷径可走，但自信与勇敢会一路保护着你，伴随着你走过不凡的人生旅程。

1. 了解自我优势，规避自我缺陷

一天，苏格拉底的故交凯勒丰特意跑到神庙，向神请教道："世上还有没有人比苏格拉底更聪明？"

神答曰："再也没有人比苏格拉底更聪明了。"

于是，凯勒丰兴高采烈地把神的话传达给苏格拉底，苏格拉底听了他的话后并没有表现出高兴的样子，反而一脸茫然和不安。

是的，苏格拉底很不安，因为他从来不认为自己是最聪明的人。为了扳倒神谕，苏格拉底决定要寻找一位智慧和声望都远远超过自己的人。

他最先找到一位声名显赫的政治家。政治家以学识渊博自居，和苏格拉底忘乎所以地侃侃而谈。从谈话中，苏格拉底看清了无知的政治家自以为是的真面目。他想，这个人连善与美都不知道，却自认为无所不知，与他相比，我却能认识到自己的无知，看来我似乎真的比他聪明一点儿啊。

当然，苏格拉底还要继续求证。这次，他找到了一位声名远扬的诗人。可是交谈下来，他发现诗人吟诗作赋大多是些陈词滥调，自创的成分极少。可就是这样一位诗人，却自恃能吟几句诗便摆出一副目空一切的样子。

接下来，苏格拉底又向一位颇有名气的工匠讨教。令他失望的是，这位工匠竟也和那位不可一世的诗人一样，自认为一技在手，便傲视众人。这让苏格拉底从心底里感到可笑和厌憎。

通过几番求证，苏格拉底最终悟出了神谕：神所言并非指苏格拉底最聪明，而是想以此警示世人——在众人之中，只有苏格拉底这样的人才是最有智慧的，因为他自知自己的无知。

苏格拉底的故事告诉我们，能体现出一个人智慧的并不是他的过人之处，而是他能客观地看待自己、认清自己。有智慧的人对自己的认识绝不只停留在别人的赞誉之上，更不流于表面，而是善于了解自己的内心，在认识自己的无知并力求修正的同时肯定自己的长处，从而扬长避短，努力地完善自己。

"股神"巴菲特说："成功的投资生涯不需要天才般的智商、非比寻常的经济眼光或是内幕消息，所需要的只是在做出投资决策时的正确思考框架以及有能力避免情绪失控、保持理性思考的定力。"

巴菲特从来都不认为自己是一个天才的投资者，反而认定自己只是一个平凡的人。既然智商不够出众，那么只要做好自己能做到的事就行了，所以巴菲特从来都不会去做超出自己能力范围的事，因为他知道一旦力有不逮，事情的发展就会超出自己的控制，那么自己就可能成为那些强敌的盘中之物。

即便知道自己被大众称为"股神"，巴菲特也有害怕和示弱的时候。例如，他从来不买自己不熟悉的股票，因为那是不可控制的。另外，巴菲特经常告诫自己："有些股票，别人可以买，但自己不能买。"正因为总是可以适时地认识自己并抑制自己投资的冲动，他才能成就炒股的神话。

认识自己是一项伟大的工程，因为它意味着你要知道自己想成为什么样的人，要达成什么样的使命。前者是做人，后者是做事。所以说，一个人只有认清自我，才能在为人处世上驾轻就熟、沉稳得体。正确地认识自己，客观地评价自己，无论是对待人接物和处理问题，还是对事业的发展和生活的美满，都有极大的好处。

> **哈佛人生智慧**
>
> 认识自己能够做什么固然重要，但认识自己不能做什么更为重要。一个不能正确评价自己的人往往会产生心理障碍，表现出自卑和自闭，或者走向另一个极端——盲目地自恋、自傲。因此，我们有必要通过各种途径全面地认识自己。

2. 走出智商局限，让情商改变生活

桑尼一直希望能考上大学，满足父母对自己的期望，但他从小就不是一个聪明的孩子。尽管他非常用功地学习，可是各门功课仍然不及格。所有认识他的人都认为，桑尼肯定考不上大学。

跟不上学校课程进度的桑尼最后不得不选择辍学，因为学习对他来说实在不是容易做到的。为此，桑尼一直都生活在忧郁之中，他很愧疚，觉得没能考上大学一定让父母感到非常失望。

可是生活不会因为一个人的失败而停止步伐，为了生存，辍学之后的桑尼为一个富商打理私人花园。

工作之后的桑尼渐渐从忧郁中走出来，他明白自己不能一直这样下去：没错，我的确不那么聪明，但我也不是痴呆儿。虽然我改变不了自己的学习成绩，但总有其他东西是可以改变的。改变什么呢？是的，

LESSON 8
看清自己，才能看清这个世界

我不能自卑，要勇敢。还有，既然天生愚钝，我为什么还要承担忧郁这种不幸呢？是的，我至少可以活得快乐一点。

之后的桑尼真的变了一个样，做任何事情，他总能看到好的一面。

有一天，桑尼进城办事。在市政厅后面，他看到一位市政参议员正在跟别人讲话，不远处是一片满是污泥浊水的垃圾场。"这里不应该是一块脏地，应该是上面开满鲜花的草坪。"桑尼如是想。

于是他勇敢地走上前去，对参议员说："先生，你不反对我把这个垃圾场改成花园吧？"

"你的建议当然很好，可是你要知道，市政厅可拿不出这笔钱让你做这件事情。"参议员委婉地拒绝道。

"我不要钱，"桑尼说，"你只要答应由我办就可以了。"

参议员非常吃惊，他从来没有碰到过这样的事情，哪有做事不花成本的？不过，看到桑尼的真诚，他还是认真听取了他的想法，并答应了他的请求。

第二天，桑尼拿了几样工具，带上种子、肥料来到这块烂泥地，他有信心让污泥上开满鲜花。

桑尼的举动很快引起大家的关注，尽管人们认为他的做法很傻，还是不得不佩服他的倔强和勇敢。很快，一位热心人给他送来了一批树苗，他的雇主富商答应他到花圃剪用玫瑰插枝。一家规模很大的家具厂得知这一消息后，表示愿意免费承做公园里的长椅，只要桑尼让他们在椅子上发布自己的广告。这种对双方都有好处的事情，桑尼当然没有拒绝。

于是，通过桑尼的努力，这块泥泞的垃圾场竟然真的变成了一个美丽的公园：绿茵茵的草坪，曲折悠长的小径，开满鲜花的玫瑰园……在长椅上坐下来，人们还能听到清脆的鸟鸣。

这一切让所有的市民感叹不已,所有人都在说,一个年轻人办了一件了不起的大事。这个小小的公园像一个生动的展览橱窗,桑尼什么都不需要说,就已经向世人表明自己在园艺方面的天赋和才能。多年以后,桑尼成了远近闻名的风景园艺家。

畅销书作者尼尔·唐纳德·沃尔什在自己的著作《与神对话》中如此表达自己的见解:"每一个灵魂都正在而且必须对自己的命运做出抉择。"可以说,这一抉择过程直接体现于个人情绪选择上:有些人在情绪中感受到生命的美丽,并将美丽带到世界上的每一个角落;有些人在情绪中受到鼓舞,并将这种鼓舞带给所有与自己交流的人;有些人则在现实的打击中不断沦落,让自己的人生充满黑色,也让他人唯恐避之不及——选择成为哪种人,就需要用哪种力量来左右自己的人生,决定权在你。

可能你还没有意识到情绪的力量:它可以帮助你对自我理想进行激励,更能帮助你克服严重的创伤。同时,它也能让你因为小小的挫折而动弹不得。每一个人都有不顺利的时候,我们都会经历伤痛与挫折,这是人生中必不可少的一环。快乐、沮丧在我们的人生中随时都有可能发生。有时候,你正经历的各种感受并不会如你所期望的那样强烈。可是,一旦你进一步培养出个人的情绪控制能力,意外情况便不会轻易地将你打倒,你也不会因为巨大的惊喜降临而失去理智,因为情绪将会带领你迅速地回归理性的思维。

> **哈佛人生智慧**
>
> 哈佛大学教授、著名心理学家丹尼尔·戈尔曼是"情商学说"的提出者与倡导者，他认为"成功=20%的智商＋80%的情商"。生命总是会给我们带来意外的惊喜，但往往也会有突如其来的痛苦。幸运的是，我们可以对自己的情绪进行掌控，让它引导我们活出想要的人生。

3. 内心强大，才是真正的强大

珍妮特·李，台球赛场上最抢眼的女人，曾经多次蝉联世界冠军，但就是这样一个在世界竞技体育中独领风骚的女性，生活却充满坎坷。

珍妮特在4岁便患上了肿瘤；11岁时，她的腿上生起了脓肿；12岁时，她患上了可怕的脊柱病。当时，她不能站立、不能走路、不能弯腰，只能整日躺在床上。

13岁那年，医生为她安装了一个放置于背部的金属支架，两根焊在一起的钢条使她得以重新站立。之后，她又因为肩膀二头肌肌腱炎、颈部椎间盘突出等疾病经历了多次手术，每一次手术都是一次生与死的较量。

珍妮特一直在黑暗中默默地寻找出路。18岁那年，她第一次遇到了改变自己命运的事物——台球。这个要强的女孩很快沉醉于这项运动，每天都会坚持练习超过十小时。为了让自己掌握最完美的架球杆手型，她每天晚上睡觉前都会使用塑料胶带将自己的手按照标准姿势进行固定，就连起床与洗澡时也不例外。

疯狂的训练让她的生命在那一刻成功转弯。三年后，珍妮特入选美国女子职业撞球联盟，并在当年获得了前十名的好成绩。接下来，她赢得了一项又一项比赛，捧回了一座又一座奖杯，并很快荣登世界第一的宝座。

有专家称，她的成功是一个奇迹：一个背部需要金属支架支撑才可以直立行走的人，一个完全未经过专业台球训练的人，竟然能够在短短五年的时间里迅速超越众多健康的人，在世界球坛上一举夺魁！

在赢得世人赞扬与瞩目的同时，她给出了自己为何能获得成功的答案："没有人是完美的，面对自己的不完美，我首先将身上无形的十字架卸掉，再通过努力最终将背上有形的十字架卸掉。"

生命赋予每个人的并不是只有欢笑，还有痛苦、失意、泪水与贫穷。每个人都需要面对生命的不完美。在面对上帝之手造就的残缺时，你会如同珍妮特·李一样选择傲视痛苦与残缺，以胜利者的姿态勇敢地接受并改变这种残缺吗？许多人往往会过分追求完美，求全责备，让自己失去奋斗的勇气。

杰克天生是个乐天派。有一次他被大水困住，只好爬上屋顶。

这时，他的一个邻居漂过来对他说："杰克，这场大水可真是太可怕了。"

"嗨，它哪有那么坏呢？"杰克回答说。

"啊，难道你不认为这一切糟透了吗？你的鸡舍已经被大水冲走了！"邻居对他的满不在乎感到很吃惊，便反驳道。

"我知道，我当然知道。可是你看，我六个月之前养的鸭子在附近游泳呢，这场大水让它们多么享受啊！"他笑着说。

LESSON 8
看清自己，才能看清这个世界

"可是杰克，你别忘了，这场大水还损害了你的农作物。"邻居不服气地说。

"不是这样的。就在上个星期，我的农作物因为缺水而枯萎。不过现在好了，一场大水把这一切问题都解决了。"杰克庆幸地说。

"好吧，就算是这样吧。可是现在你不得不担心你的房子，你看，大水还在上涨，就要涨到你的窗户上了。"这位悲观的邻居不罢休地继续控诉着大水的罪状。

"哈哈，这正合我意呢，因为我的这些窗户实在太脏了，我之前还准备亲自冲洗一下呢。"杰克开心地说道。

一个内心强大的人活得纯粹而坦荡，他们不攀比、不虚荣，也不自傲与自卑。他们实事求是、脚踏实地地走好每一步，不会依靠无限度的猜测来度日，更不会为了别人的一个眼神而患得患失。这样的人因为没有心理负担而活得轻松，因为不焦虑而活得快乐。

哈佛人生智慧

有这样一句话：请享受无法回避的痛苦。人生在世，难免有这样那样的不如意，但这些都会过去。遇到麻烦的事，不要一味地逃避或是自责，甚至牢骚满腹，这只会让你陷入悲观和绝望中无法解脱。所以，凡事往好处想吧！

4. 用积极的心理暗示善待自己

153

在哈佛大学的心理课上，曾经出现过这样一幕：教授向同学们介绍了一位来宾——菲利博士。教授告诉他们："菲利博士是一位举世闻名的化学家，今天他到这里来是为了做一个实验。"

菲利博士从自己的皮包中拿出了一个装有不明液体的玻璃瓶，同时告诉大家："这是一种我正在进行研究的物质，它具有极强的挥发性，一旦我拔出瓶塞，它便会马上挥发出来。但是，它对人体并没有危害，只是会有一定的气味。当打开瓶子的时候，请那些闻到气味的同学立刻举手示意。"

说完，菲利博士便拔出了瓶塞，同时拿出一个秒表。一会儿，有的学生举起了手。

此时教授告诉学生们："好，同学们，我们的实验结束了。但很遗憾的是，我不得不告诉你们，菲利并非是一名博士，他只是我们学校其他分院的一位老师，而那个瓶子里面装的不过是普通的蒸馏水。"

听完教授的话，举手的学生面面相觑：刚才实验进行过程中，自己的确闻到了一种气味，这到底是怎么回事？

教授看到学生们脸上露出疑惑的神情，他做出了解释："这便是我们这一堂课需要学习的东西：我们会不断地接受周围人的暗示，并相信他人的话语，当菲利博士暗示瓶子里装了一种有味道的化学物质时，你们相信了，因而'闻到'了那种特殊物质的气味。"

也许你会不相信这样的心理暗示，但是在现实生活中，这样的暗示的确存在。当发现周围有人在不停地打哈欠时，你也会不由自主地跟着打起哈欠来；当有人不断地咳嗽时，你的嗓子也会泛起痒的感觉；当看到他人在全力奔跑时，你也会在不知不觉间快速行动起来。

通俗而言，心理暗示是通过一些潜意识可以理解、接受的语言与行为方式，帮助自我意识达成愿望或者直接启动行为的过程，从而使个人潜能得到全面的发挥，潜意识中的力量得到调动。

  一个名为亨利的青年在自己30岁生日那天呆呆地坐在河边，看着波澜起伏的河水，思考并回味着自己短暂而又令人沮丧的人生。他不知道自己是否还有信心继续活下去。

  亨利父母双亡，从小便生活在收容院中。由于身材矮小，长相也并不漂亮，说话时还带着浓厚的法国乡下口音，他一直非常看不起自己，认为自己只不过是一个又丑又笨的乡下人。在这样的思想之下，他甚至连最普通的工作都不敢去应聘，只好待在收容院里帮助打扫卫生。

  正当亨利思考自己是不是该结束这无聊而又毫无意义的生命时，与他一起在收容院中长大的好朋友突然兴冲冲地朝他跑了过来，并大声告诉他："亲爱的亨利，我想你应该第一时间知道这个好消息！刚刚我从收音机里听到一则消息，拿破仑曾经丢过一个孙子，而播音员所描述的相貌特征竟然与你分毫不差！"

  亨利简直不敢相信自己的耳朵："这是真的吗？我竟然是伟人拿破仑的后人？"亨利一下子精神大振。联想起"爷爷"曾经骑在高大雄壮的马匹上，以矮小的身材、迷人的法语向千军万马发出各种威严的口令，亨利顿时觉得自己那矮小的身体里有一股无法抑制的力量，而讲话时那浓浓的法国乡下口音如今也变得既高贵又威严。

  第二天一大早，亨利便穿上自己最好的衣服，自信满满地来到一家大公司应聘，并且很顺利地得到了那个职位。

  经过长达几十年的奋斗，已到暮年的亨利早已成为这家大公司的总裁。他通过各种方式查出，自己并非拿破仑走失的孙子，但是这对他而言早已不再重要。

  在一次著名企业家的聚会上，有人向亨利提出这样一个问题："作为一名成功人士，您认为什么是引领您最终走向成功的关键？"亨利并没有直接回答对方的问题，而是将自己的亲身经历讲述出来。最后，他说："接纳自己，真心地欣赏自己，将所有看不起自己的念头都赶出生命之外，这便是引领我最终走向成功的关键所在。"

心理暗示现象在我们的生活中极为普遍，而且它每天都在不同程度地对我们的生活发挥着影响。这种暗示是一把"双刃剑"，它可以让我们感受到生活的积极面，也可以让我们陷入消极的情绪中。在现实生活中，我们应该不断尝试着多给自己一些积极的暗示，避免消极的暗示。

> **哈佛人生智慧**
>
> 积极的思维可以给人带来专注的力量。专注的力量可以给人带来坚定不移的信心，让人坚持到底。人的心理调整从来都不是一蹴而就的，想要将原有的心理活动按照自己所期望的轨迹发展，需要保持一定的毅力。万事开头难，让自己持之以恒。时间久了，积极的自我暗示便能够成为我们进行心理调节的最好助手。

5. 收起自己过度的敏感

年轻人里奥感觉自己一直活在他人的鄙夷中：比如，早上起床，自己刚出门，邻居便对着自家的狗大声叫嚷："懒东西！太阳升这么高了，你竟然还在睡觉！"这难道不是他在故意挑衅自己吗？

LESSON 8
看清自己，才能看清这个世界

当里奥对这种来自他人的"敌意"忍耐许久后，终于有些受不了了，开始四处寻访那些可以让他远离这些"坏人"的方法。终于有一天，他遇到了聪明的海德。

海德在倾听里奥诉说的苦恼之后，笑着点了点头。他并没有说太多话，而是带里奥来到附近的铁路旁。此时，一个老式的蒸汽火车头正停在铁轨上。

看到这一场景，里奥对海德带自己来这里的原因有些不解，他只好安静地站在一边。

海德拿起一块大约五英寸见方的小石头走到铁轨之间，用它将火车的轮子紧紧地卡住。随后，海德朝着火车头里的驾驶员挥了挥手，示意他将火车头开走。

只听汽笛声顿时响了起来，浓浓的蒸汽开始从烟囱中冒出来，但是火车头却丝毫不见移动。

此时，海德示意司机停下来，同时走到铁轨旁，将那块小石头从轮子上取了下来，示意司机再次开车。只见火车头立即动了起来，缓缓地朝着目的地进发了。

"如果这个蒸汽火车头全力加速的话，它的速度可以超过每小时100千米！再加上它本身就具有极重的重量，它甚至可以穿过一堵厚达5英尺的实心砖墙！"海德举了举手中的小石块，继续说道，"但是，一旦火车停在铁轨上，你只需要用一小块石头，便可以让它寸步难移。年轻人，你内心的蒸汽车头深处是否也存在这样的小石头呢？如果有，就把它拿开吧！"

过度敏感的人总是会心虚气短，他们并没有做什么见不得人的事情，心里却总是发虚，过分地在意他人的评价或者态度上的微小变化。

虽然别人并没有怎么样，他们却认为别人都在故意与他们过不去。

有些人总是希望自己是生活中的强者，可以成为他人心目中的优秀之人，但是现实与理想之间总是存在一定的差距，而这样的差距令他们的内心变得更加敏感，以至于随时都可以捕捉到对自己产生负面影响的信号。最终便极有可能陷入一种恶性循环：你越是让自己在过度的敏感中过于紧张，便越容易成为他人的话柄与笑料，而这种来自他人的恶性反应会使你对人的猜疑与敌意进一步加剧，从而使人际关系更加糟糕。

> **哈佛人生智慧**
>
> 哈佛心理学者提出过这样一种论断：敏感的人通常是很自卑的，只有摒弃自卑感，才能抛开敏感的包袱，有机会触及内心，从而轻松地面对人生。在这个不相信眼泪的社会里，敏感并非是最好的处世方法，特别是不分场合、不分地点的敏感，更会使我们的生活受到巨大的负面影响。学会与他人正确而轻松地交流，让自己从相对化的角度去看问题，我们便会发现，其实事情并没有那么糟，而原本以为天大的事情是如此渺小。

6. 抛开羞怯，勇敢走向阳光

乔纳斯出生在波士顿的一个贫民窟里，恶劣的环境让他害怕且讨厌周围的一切。从记事起，流浪汉、酗酒斗殴的人、吸毒者的身影就时时闯入他的视野并浮现在他的脑海里。为了逃离这种环境，乔纳斯把自己锁在简陋的房间内发奋学习。18岁那年，他以优异的成绩考入哈佛大学商学院。

环境的改变并没有消除乔纳斯的恐惧感,他总会感觉有人在虎视眈眈地注视着他。他害怕与人交往,害怕接触新鲜事物,甚至害怕别人的目光。当他被恐惧情绪折磨得痛苦不堪时,一名心理学教授帮助他走出了困境。

心理学教授有意识地帮助乔纳斯纾解内心的紧张感受,让他不再沉溺于可怕经历的回忆中。慢慢地,乔纳斯可以坦然面对周围的事物,甚至可以主动与他人接触。乔纳斯变了,克服恐惧后的他找到了自信。

"瞧,他笑的样子多么迷人,"教授评价道,"如今的乔纳斯已经彻底摆脱了'社交恐惧症',是一个拥有美好未来的阳光小伙子。"

很多人像乔纳斯一样患有"社交恐惧症",他们暴露在陌生人面前或处于可能被人注视的社交场合时会产生持续、显著的畏惧心理,并严重影响到自己的日常生活。社交是每个人不可避免的活动之一,如果害怕见陌生人或在与他人谈话时感到紧张甚至惶恐不安,那你便极有可能成为竞争社会中被淘汰的对象。由此可见,社交障碍对一个人产生的负面影响十分大。

电影《泰坦尼克号》上映后,不仅赚足了票房,也赚足了观众的眼泪。男主角莱昂纳多一下子成为炙手可热的著名影星。

回首坎坷的成名路,莱昂纳多回忆道:"曾经的我十分羞怯,不敢与陌生人打交道,其中包括导演。大家可以想象一下,作为一名演员,不喜欢与导演打交道会是什么后果?"说到这里,莱昂纳多不禁苦笑了一声。

"周围的朋友都在批评我,甚至认为我天生不是当演员的材料。在我最痛苦、最迷茫的时候,恩人从天而降,那就是我的老师。在老师的帮助下,我仔细分析了现状和令自己困惑的原因。现状告诉我必须勇敢地接触陌生人,并与导演合作。如果不改变,我将一事无成。我听取了老师的建议,开始有意识地接触他人。开始时很困难,我不知道自己该说什么、该做什么。随着时间的推移和一些心理暗示,我最终成功了,我再也不会害怕交际,看来羞怯的绳索并没有束缚住我。"莱昂纳多认真地说。

如同影星莱昂纳多所说,人际交往中的负面心理会阻碍交往的进行。只有学会调节、突破自己,才能让自己融入大环境,而不再是一只"孤雁"。

如果害怕见到陌生人,与人谈话时会感到脸红心跳、紧张惶恐、手心出汗、语无伦次……那么你很有可能患上了"社交恐惧症"。从现在起,你就要有意识地接触周围的人、融入周围的社交环境。只有这样,你未来的人生路才会越走越宽。如果你想有所作为,就必须抛开怯懦,远离社交恐惧,以免让自己在前行的道路受阻。

哈佛人生智慧

毕业于哈佛大学的心理医生哈曼说:"对于社交感到羞怯的人,典型的特征就是缺乏自信。如果你在心底反复告诉自己'我很棒''没问题',就会发现自己有理由、有能力与人很好地交往。"我们必须以一种积极的心态应对羞怯,以挑战自我的方式增强与人交往的信心,这样才能勇敢地走出阴霾、走向阳光。

7. 充实自己的心灵花园

著名画家齐白石85岁高龄的时候仍然每天坚持作画，从不间断。有一天风雨大作，他心情不好没有作画，整日坐卧不安。第二天，雨过天晴，阳光灿烂。他早上起来，推开窗户，见到这样晴朗的天气，情绪来了，早餐也来不及吃便拿出文房四宝，泼墨作画。他一连画了几幅画，午饭时间到了还在埋头作画，不肯休息。

待画完最后一张，他在画上题词道："昨日大风雨，心绪不宁，不曾作画，今朝制此补充之，不教一日闲过也。"

"不教一日闲过"，这话后来成了鼓舞很多人奋发图强的座右铭，说出了"业精于勤"的道理。一位85岁的老人能够做到"不教一日闲过"，实在让那些心灵空虚的人汗颜！

时下，有些人终日无所事事，干什么都提不起精神。他们在与人闲聊时常说："算了，就这样，没啥干头了。""干什么都不顺心，就这么混吧，还能做什么呢。""唉，人老了，不中用了，脑子空空一片。"

还有一些青年人吃穿不愁，却时常觉得生活烦闷、单调。他们往往在周末或独自一人时产生一种莫名的彷徨和孤独感，不知道自己想要干什么，虽然可以通过参加聚会、看电影、玩游戏等活动来摆脱这些负面的感觉，然而心里仍怅然若失、寂寞空虚。这是怎么一回事呢？

其实，空虚是一种内心体验，但这种感觉只可意会，不可言传，只有空虚者自己才能真切地体验到，他人无法理解。这使得感觉空虚的人不太容易实现与他人的交流和沟通,如果自己不努力改变的话,只会越来越紧地被空虚包围。

26岁的丽莎已经是三个孩子的母亲,随着孩子一个接一个地呱呱坠地,她那纤细的手指也开始变得粗糙。

儿时的丽莎有一个完美的人生规划——做一名钢琴教师。当手指在黑白琴键间轻快飞舞时,丽莎就会忘记自己是谁、身处何方,周身充满着轻松和欢愉。丽莎这种快乐的体验终结在21岁那年。那时她与一个黑人小伙子疯狂恋爱,并且迅速结为夫妻。随着大女儿的降生,年纪轻轻的丽莎彻底告别了心爱的钢琴,过着洗尿布、带孩子的主妇生活。

孩子并没有为丽莎带来做母亲的喜悦,反而使她一度陷入空虚与迷茫,并开始讨厌生活、讨厌丈夫。她曾有过几次轻生的念头,丈夫意识到这种危险的状况后,急忙将丽莎带到医院诊治。心理医生对丽莎说:"了解你的生活之后,我知道你心中依然存有'钢琴情结'。既然如此,你为何不让自己的人生更加有意义?"

听了医生的话,丽莎将两个大一些的孩子送进幼儿园,并为最小的孩子找了一个保姆。她每天勤奋地练习钢琴,终于有一天,一位妇人聘请她做私人钢琴教师。从此以后,丽莎仿佛变了一个人,白天她为学生教授钢琴,晚上回家陪伴三个孩子尽情玩耍。

丈夫对丽莎的改变既惊喜又欣慰,丽莎深情地对丈夫和孩子说:"感谢上天,我又找回了生活的意义。"

人们都思考过这样的问题:怎样度过有限的人生,是碌碌无为、平平庸庸,还是轰轰烈烈、绽放异彩?如果将生命看成一种体验,那么这个过程只有包含奋斗和磨砺，才能称为真正的生活、有意义的生活。

了解了空虚的成因，会使许多正在经历孤独与空虚的人减轻心理负担，不再认为这是心理问题。实际上这只是成长过程中的必经之路。空虚也并非坏事，你可以利用这个机会充实自己，弥补自己所欠缺的，或是读书增长学识，或是广泛交友、寻觅知己，或是努力工作、实现抱负，或是培养兴趣、让自己快乐。

哈佛人生智慧

只有让自己的生活过得充实，才能成就不后悔的人生。空虚让我们感觉不到活着的美好，反而对一切感到腻烦，任何优美动人的事物也会在真实的生活面前显得苍白无力、单调乏味。因此，从充实自己的心灵花园开始，与空虚做斗争吧！

---

8. 别把自己太当回事

有一天，古希腊著名哲学家苏格拉底和他的学生聚在一块聊天。这时，一位家境殷实的学生扬扬自得地向大家炫耀，说自己家在雅典附近有一大片肥沃的土地。

正当他滔滔不绝地描述那块地如何大、如何肥沃的时候，苏格拉底顺手拿过来一张世界地图对他说："现在可不可以麻烦你指给大家看看，亚细亚在哪儿？""这一大片全都是！"学生自鸣得意地指着地图说。

"很好，是够大的。那么现在，你能告诉我们希腊在哪里吗？"苏格拉底又问。

这次，学生在地图上找了一下，才把希腊找出来，因为它和亚细亚相比，实在是太小了。

"好极了，那么请把雅典的位置指给我们看一下。"苏格拉底说。

"唉，雅典可就更小了，是在这儿吧。"学生边说边指着地图上的一个小点。

苏格拉底又对他说："那现在请把你家那片肥沃的土地也找出来吧。"

这一次，学生没能把他家的那一大片肥沃的土地找出来。想想也是，连雅典在地图上都只是一个小点，他家的地又算什么呢？于是，他只好尴尬地对大家说："对不起，我真的找不到，因为它实在是太小了……"

有一段话是这么说的："一滴墨汁滴在清水里，这杯水立即变色，不能喝了；一滴墨汁融入大海，大海依然是蔚蓝色。为什么？因为二者的肚量不一样。不熟的麦穗直挺挺地向上长着，成熟的麦穗则低着头。为什么？因为两者的分量不一样。"有人总认为自己很伟大，那只是局限在他自己的潜意识和小世界里。其实，人是无法脱离大环境的，离开了他的圈子，他也许什么也不是。

有一个关于20世纪美国知名小说家和剧作家布思·塔金顿的故事。

那是在一个艺术家作品展览会上，塔金顿作为特邀嘉宾前去参会。展览会上，有两个女孩兴奋地跑到塔金顿面前，热切地请求他为自己签名。

LESSON 8
看清自己，才能看清这个世界

"我没有带水笔，可不可以用铅笔？"塔金顿心里明白，她们一定很愿意。

"当然可以。"两个女孩很高兴，因为她们崇拜的人毫无架子。于是，其中一个女孩把她那精美的笔记本递给了塔金顿。塔金顿拿了铅笔，挥笔就是几句鼓励之语，末了再签上自己的大名。可是，当女孩接过笔记本一看，顿时皱起了眉头，她抬头扫了塔金顿几眼，问道："您不是罗伯特·查波斯先生吗？"

"不是，"塔金顿自负地说，"我是布思·塔金顿，《爱丽丝·亚当斯》的作者，两次普利策奖的获得者。"

可是，女孩对这些似乎毫无兴趣，她对女伴说道："露丝，把你的橡皮借我用一下吧。"

瞬间，塔金顿所有的自负和骄傲都化为泡影。从此，他时刻提醒自己：别太把自己当回事，并不是所有的人都喜欢你。

是啊，在这苍茫宇宙间，哪怕你有三头六臂，也只是沧海一粟。人似乎都有些弊病，要么自负，要么自卑。其实，完全用不着这样。如果你自认为形象高大，是一个伟大的人，那么世界没了你行不行呢？答案当然是肯定的，因为"山外有山，人外有人"，而且这样的人，全世界数都数不过来，所以还是不要太把自己当回事。反之，如果你觉得自己渺小如尘埃，那么试问在这世间，谁不是长着两只眼睛、两只耳朵、一张嘴巴、两条腿呢？只是大家扮演的角色不同、所呈现出来的形象有异而已。人与人都是平等的，上天也是公平的。

哈佛人生智慧

　　一名哈佛大学的教授每次在结束一堂课的时候，都会谦卑地对学生说："这只是我的愚见，你们完全可以用自己的方式思考。"一流学府的教授尚能如此，我们是否也同样需要如此呢？请保持一颗谦卑的心，因为你只是一个小"我"，并不能代表整个世界。当真正懂得"我"的小、世界的大，你才会在无尽的探索里奋发向上，找到不断实现自己人生价值的途径。

LESSON 9

掌控情绪，做思想的主人

哈佛心理学教授指出，情绪化的行为与自控能力的高低有直接的联系，而自控能力的高低是一个人成熟度的关键指标。一旦你对情绪有了较为透彻的理解，学会在生活的各个方面运用自我情绪控制力，你将不用再听任各种消极情绪的摆布，可以从容地调动自我的积极情绪，并最终获得成功。

1. 不要成为情绪的奴隶

著名作家欧·亨利与朋友一同去超市买饼干,在结账时,欧·亨利礼貌地对店员说了一句"谢谢",但是店员漠然视之,从始至终一言未发。

"这是一个没有礼貌的家伙,他的服务态度真差!"他们继续前行的时候,朋友不断抱怨道。

"每天下午他都会这样。"欧·亨利耸耸肩。

朋友有些惊讶:"那你为什么还对他那么客气?"

欧·亨利回答:"我为什么要让他来控制我的情绪?"

不会生气的人是愚蠢的人,不去生气的人才是真正聪明的人。生气是一种习惯,更是一种选择。因为生气往往是一种本能性的泰然、不假思索式的冲动反应,所以你往往并不能真正明白自己到底是在为什么而生气。可能你只知道自己在生气,至于其中的缘由,或者说到底是什么引发你的愤怒,你却一点头绪也没有。

哈佛情绪控制课上,人们针对情绪控制进行过探讨,得出这样的结论:弱者会任由行为控制情绪,强者则会任由情绪控制行为。这一结论同样可适用于个人生气的情况。怒气的产生源自于个人对于外部事物的认识、解释与评价。当然,它与一个人的性格也有一定的关系,但最终个人的情绪控制能力决定人们面对同一件事情时不同的反应,强者往往可以坦然面对,弱者却总是会勃然大怒。

LESSON 9
掌控情绪，做思想的主人

在遥远的非洲大陆上，一群自由又强壮的野马正在肆意驰骋。悄无声息间，一只蝙蝠攀附在一匹野马的腿上，用尖利的牙齿将野马的皮肤咬破。

野马的性格非常暴躁，在看到红色的血液之后便狂怒地奔跑起来，并不断地跳跃着，期望以此将可恶的蝙蝠甩掉。但是，蝙蝠一直死死地咬着野马的腿不肯松口。整个奔跑过程中，蝙蝠一直在吸血，而野马的血越流越多。

蝙蝠一直在野马的身上，直到吸饱血液之后才心满意足地离开。而可怜的野马却因为过度激动，全身血流不断地加速，并最终在暴怒中让自己流血过多而死亡。

在对两种动物进行研究之后，动物学家们发现，这是一种生性嗜血的蝙蝠，它是草原野马的天敌。但是，这种蝙蝠身躯极小，吸血量也非常小，根本不足以将野马置于死地。真正让野马走向死亡的，其实是它的愤怒。

当你生气的时候，除进行冷处理外，还可以采用瞬间转移法消除自己的愤怒。当你因为受到批评而生气时，可以马上转移注意力，回想一下有哪些事情是能够令你快乐的。当情绪变得愉快的时候，你便会淡忘那些令你生气的事情。

哈佛人生智慧

拿破仑说："能控制好自己情绪的人，比能拿下一座城池的将军更伟大。"哈佛心理专家皮亚杰也说："虽然对我们而言，要求自己完全自如地控制负面情绪的爆发是一件非常困难的事情，但是我们

> 应该努力去尝试。"在你感觉愤怒的时候,可以采用适当的方法进行发泄。当然,拿别人当出气筒是最愚蠢的方法,而听音乐、写日记、跑步则是不错的方法。

2. 要发怒时,强迫自己忍几分钟

一对新婚夫妇的生活并不好过,总是要靠亲友接济才能度日。在他们结婚半年后,丈夫对妻子说:"亲爱的,我想出去闯一下。我一定会努力工作,挣足够多的钱再回来。到那时,我就可以让你过上体面的生活。不过,我不知道自己这一走要多长时间才能回来。希望你能耐心、忠诚地等我回来,因为我会对你永远忠诚。"

妻子答应了丈夫的请求,他们含泪告别。

一个多月后,这个男人在离家很远的一个庄园里找到了工作。他要老板答应自己一个条件:"在这里工作的每一天,我都会尽心竭力。但是,到我认为该离开的时候,希望您能让我走。平时我不想支取报酬,请您将我的工资全部存在一个账户里,到我离开的那天再一起给我吧!"老板同意了他的请求,双方签了协议。

没想到男人一干就是18年,中途也没有回过家,他想等攒够钱再回去。

终于有一天,男人对老板说:"我想回家了,请您把我的工资都给我吧!"老板说:"好吧,我会按照我们的协议办事的。不过我有个建议,要么我给你钱,你走人;要么我送给你一条忠告,但不给你钱。你自己好好做决定吧。"

LESSON 9
掌控情绪，做思想的主人

男人左思右想后，找到老板说："我决定要那条忠告。"

老板提醒男人说："你可想好了，如果给了你忠告，我就不会再给你钱了。"

男人坚持说："我还是想要那条忠告。"

于是老板送给他一句话："不要在冲动的时候做任何决定，否则这个决定可能会成为你一辈子的遗憾。"

接着，老板又对男人说："这里有三个面包，两个给你路上吃，这个大的就等你回家后和妻子一起吃吧。"

于是男人带着急切的心情踏上归途。为早日见到自己日夜思念的妻子，他披星戴月地往家赶。原本要走20多天的路，他只花了半个月就走完了。

到家的时候正是黄昏，男人远远望见自己的小房子，那里正炊烟袅袅。然后，他依稀看见妻子的身影，此时她正坐在院子里，一个男子伏在她的膝头，她抚摸着他的头发。看到这一幕，男人顿时怒火中烧，仇恨染红了他的眼睛，他恨不得跑上前去杀了他们。然而，他忽然想起老板给自己的那条忠告，于是他吸了口气，冷静地走进院子。

男人刚走到院门口，妻子就认出了他，并飞快地跑向他，顺势扑进他的怀里。男人的手抬起来，停在半空中。他紧紧地盯着院子里那个陌生的年轻男子，心里的怒火燃烧着，但他什么也没说。这时，妻子忽然想起什么似的，对着那个发呆的男子叫道："亲爱的，还不过来拥抱一下你的父亲。"

男人惊呆了，一家三口激动地抱在一起。妻子继续忙着做饭，男人给儿子讲述自己的经历。接着，一家三口坐下来准备吃面包。当男人把那个最大的面包掰开时，发现里面竟然是一大捆钱！

愤怒是人普遍拥有的一种本能情绪，它以多种方式对个人与社会上的各种关系产生影响。有些人很容易愤怒，他们总是处于一触即发的状态；有些人却总是一副受气包的模样，将愤怒压抑在内心深处；有些人在这里受了委屈，会转向别处发火……对于愤怒情绪，不同的人有不同的处理方法。

林肯是美国历史上伟大的总统之一。他既善于控制自己的情绪，也善于帮助部下控制情绪。

有一天，陆军部长斯坦顿来到林肯的办公室，气呼呼地对他说有一位少将用侮辱的话语指责他。听完他的唠叨，林肯建议斯坦顿写一封内容尖刻的信回敬那位少将。

"可以狠狠地骂他一顿。"林肯说。

斯坦顿立刻写了一封措辞强烈的信，然后拿给林肯看。

"对了，对了！"林肯高声叫好，"要的就是这个！好好教训他一顿，写得太棒了！"

但是当斯坦顿把信叠好装进信封里时，林肯却叫住他，问道："你干什么？"

"把信寄出去呀。"斯坦顿有些摸不着头脑。

"不要胡闹，"林肯大声说，"这封信不能发，快把它扔到炉子里去。凡是生气时写的信，我都这么处理。这封信写得好，写的时候你已经解了气，现在感觉好多了吧？那么就请你把它烧掉，再写第二封信吧。"

愤怒是一种强烈的情绪反应，常常会让我们失去理智。在它的驱动下，人极有可能做出一些后果严重的事情。愤怒往往是用他人的过错惩罚自己，发脾气的人总是要比被发脾气的人承受更大的损失。在愤怒的时候说话，你可能会做出最出色的演讲，但是最终的结果极有可能令你悔恨终生。所以，在生气的时候，若你想要讲话，不如先从一数到十；若你非常愤怒，那就让自己先数到一百，然后再开口讲话吧！

> **哈佛人生智慧**
>
> 哈佛首位女校长福斯特认为，一旦愤怒将理智之烛吹熄，人类便会陷入黑暗。本杰明·富兰克林也说过："事情若以愤怒开始，必然会以羞辱结束。"

3. 走出焦虑，学会自我沉淀

麦莉的丈夫被派驻非洲沙漠的一个陆军基地，麦莉也一同前往陪驻。由于丈夫总是忙于公事，麦莉只好经常一个人留在基地的小铁房中。

沙漠中极其炎热的天气、与当地居民无法沟通交流、对家人朋友的思念……这一切令麦莉感到非常难过。她对这个一眼望不到头的沙漠越来越反感，并不断地给自己的父母写信，每封信中都在抱怨命运的不公：在其他女人正在大都市享受安逸生活的时候，自己却要孤独地待在这个无聊的鬼地方。再后来，她在信中坚决地告诉父母，自己再也受不了内心的煎熬，准备抛弃一切回美国。

这一次，她的父亲很快就给她回了信，信中只有这么一句话：两个不同的人从牢房的铁窗中望出去，一个看到了泥土，另一个却看到了星星，从此，前者抱怨命运的不公，后者却在感谢命运的眷顾。

麦莉读到这封信后，为自己的抱怨和焦虑而羞愧，她在心里对自己说，一定要平静心情，要在这大漠中找到属于自己的星星。

此后的半年中，麦莉开始尝试主动与当地人交流。当地人被麦莉的热情感动，友好地与她交往。当他们发现麦莉对他们的陶器、纺织品很感兴趣时，便将那些不舍得卖给观光客的陶器与纺织品送给麦莉。

就这样，初期的烦躁与焦虑远离了麦莉，她的生活变得丰富而有意义，她开始对那些让人着迷的仙人掌与各类沙漠植物进行研究。她会坐在沙丘上欣赏沙漠里的日出，甚至还对沙漠中的历史古迹进行研究。

麦莉在丈夫的驻军任务完成以后回到美国，她将自己在沙漠中的发现与经历编写成书。在书中，她诚恳而笃定地告诫那些正处于不断焦虑状态的人：放下焦虑、停止抱怨，你就能看到璀璨的星空。

焦虑的人不管处于什么大环境下，总是会看到消极的一面，而不会发掘那些藏匿着的快乐与希望。究其原因，正如故事中的麦莉一样，他们的焦虑来自那些看起来会对自身产生威胁或不适的事物以及对某种情况的过度预期。麦莉最初认为，沙漠中恶劣的天气和孤独的人际关系会让自己的生活变得很枯燥，因为来此之前，她想象中的生活一定不是这样的。所以，当处于这个让她无法适应的环境时，她便产生了前所未有的焦虑感。

奥鲁斯毕业于哈佛大学，为了实现心中的梦想，他选择在华尔街创业。他曾是班里最优秀的学生，但是初涉商界时还是感到不知所措。资

LESSON 9
掌控情绪，做思想的主人

金匮乏、客户的不信任让奥鲁斯焦虑不安。

公司的前景怎么样？创业会不会失败？这些还没有来临的事情一次次在奥鲁斯的脑海里旋转。同时，他发现自己因为摆脱不了这些烦恼而惶恐。为了摆脱焦虑，奥鲁斯购买了大量的心理书籍，这些书籍帮助他有效地转移了注意力，缓解了不良情绪。随后，他开始明白，生活还要继续，活在当下才是最重要的。

最终，奥鲁斯成功了，他的公司蒸蒸日上。后来，他回忆说："当时一切都处在恐慌和焦虑之中，我很害怕，但我依然对自己说，一定要坚持。我承认，我不是一个天生的商人，但我改变了命运。"

不管是从心理学还是从医学上来看，焦虑都是影响人们生活质量的一个重要因素，它无疑会使你陷入一种消极甚至绝望的情绪体验。要想远离焦虑，就要不攀比、不虚荣，也不自傲与自卑，实事求是、脚踏实地地走好每一步，不依靠无度猜测来度日，更不为别人的一个眼神而患得患失，这样才会因为没有心理负担而活得轻松、活得快乐。

哈佛人生智慧

哈佛首位女校长德鲁·吉尔平·福斯特在2008届毕业典礼的演讲中说："你焦虑，是因为你既想活得有意义，又想活得成功。"也就是说，焦虑的根源就是人们的欲望。找到症结，克服焦虑就不难了。

4. 避免那些无谓的冲突

爱德华·贝德福德是洛克菲勒的合作伙伴。有一天,当他走入洛克菲勒的办公室时,看见这位石油帝国的老板正伏在桌子上一本正经地在一张纸上写着什么。

"哦,你来了,贝德福德先生,"洛克菲勒对他说,"我想,你可能已经知道我们的损失,我对这件事情考虑了很多。在叫造成损失的那个人来讨论这件事情之前,我事先做了一些笔记。"

贝德福德当然知道那个事件,发生在非洲的事让他们损失了超过几千万美元的利润,而这一事件所造成的后期影响目前还无法进行估算。他走近洛克菲勒的办公桌,却发现那张纸上的文字并非对事故造成者的斥责,而是罗列着对方一长串的优点。其中提到,他曾经三次帮助公司做出正确的决定,而且他为公司赢得的利润远远高过这次损失。

这件事情之后,贝德福德深有感触:"我永远也无法忘记洛克菲勒在处理这件事情时的态度,在随后的多年时间里,每当我无法克制自己、想要对他人发火时,我就会强迫自己坐下来,拿出纸和笔,将某人的好处一一写出来。每次当我完成这一清单的时候,我的火气会顿时少很多,同时也能理智地看待问题。后来,这种做法成为我个人工作中的重要习惯。有很多次,它都将我的怒火及时制止。若我不顾后果地发火,那么我需要处理的冲突将会成倍增加,而我将为此付出惨痛的代价。"

在哈佛有这样一句流传颇广的话:"人生最可怕的敌人是自己。"人

LESSON 9
掌控情绪，做思想的主人

类大多数的错误发生在一时冲动的情形下，而在事后又追悔莫及。这一局面形成的主要原因是人们在事情刚刚发生的时候会将造成事情发生的负面因素进行片面夸大，从而将其他因素的重要性忽略，导致思维偏见与决策失误的发生。智者的长处就在于，在很短的时间内纠正思维偏见，降低决策失误的发生率。

吉姆念研究生的时候，导师艾比教授经常告诫他不要一时冲动，否则将成为情绪的奴隶。在他念研究生二年级时的那个圣诞节，艾比教授赠给他一只咖啡杯，杯子上印着这样一句话："发脾气是值得赞扬的，如果你能做到：在适当的场合，向正确的对象，在合适的时刻，使用恰当的方式，因为公正的理由而发脾气。"这是亚里士多德的一句名言。

毕业后的一个雨天，吉姆再次回到学校去探望他所尊敬的艾比教授。不料正赶上一名研究生有急事要见艾比教授，于是吉姆只好坐在外面的客厅里等他。当时，客厅和艾比教授的办公室只隔了薄薄的一道装饰墙，办公室里的对话清晰地传到吉姆的耳朵里。只听那位同学激动地控诉着另一个同学，声称对方出言不逊，当众否定自己，奚落自己，让自己下不了台。他为此很懊恼，也很迷茫，不知道该不该找对方理论，或请对方的教授出来评理。所以，他特地来请教艾比教授。

这时，吉姆听见艾比教授用他一贯平稳的声调说："年轻人，很多时候，我们无法理解别人的言行，连他们自己也未必理解自己。如果你真要我给你出个主意，那么我想给你一个小建议。批评、侮辱和大衣上的泥点没什么两样。你看，这是早上过马路时，汽车溅到我大衣上的泥点。如果当时我气急败坏地立即去擦拭，一定会将大衣搞得乌七八糟。所以我把大衣挂起来，专心做别的事，等泥巴晾干再去擦掉它，这样就轻而易举了。

你瞧瞧，轻轻掸几下就干净了，不是吗？"

　　吉姆听到此话，不禁为艾比教授的处世智慧所折服。而里面那位怒火冲天的同学也瞬间冷静下来，对艾比教授连连道谢。艾比教授又说："我年轻的时候也不善于控制情绪，所以深受其害。时日渐长，我发现最好的办法就是把生气时的烦恼先晾在一边，让它自己冷却。等自己冷静下来后，再去对付它们。我们都知道，当你生气的时候不要做任何决定。所以同样，我也建议你等情绪的水分都蒸发掉以后再来想这件事。到那时，如果你的气依旧不消，仍打算讨伐他，请再来找我。不过我相信，当情绪的水分被晾干之后，你也许会发现那泥点不知何时已淡得找不到了！"

　　很多时候，我们在外界的刺激之下所产生的第一个念头不过是来自大脑尚未思考或者尚未思考清楚的冲动，若我们服从这一念头，便很有可能被自己打败。若我们可以坚持启动自我思维能力，坚持对问题进行深入思考，最终得到的便是深思熟虑的成熟结果。在这种情况下，我们已战胜自己，或者说，我们已将冲动击败。

哈佛人生智慧

　　哈佛心理专家朱利安·泰普林教授直言："愤怒是人性中的最大弱点，而不是很多人认为的勇气。大胆与勇敢并非动辄发怒，而是让自己保持强壮与理智的沉默。"让自己积极地进行个人情绪引导，尽量以双赢的方式处理冲突，使双方都感觉到自己是受益者，能更有效地提升个人情绪控制能力。

5. 担心的事有 99% 不会发生

心理学家戴尔·卡耐基的儿童时代是在密苏里州的农场里度过的。有一天，在帮母亲摘樱桃的时候，他哭了起来。妈妈问道："戴尔，你哭什么？"

他哽咽地回答道："我怕被活埋。"

那时候，卡耐基总是充满忧虑。暴风雨来的时候，他担心被闪电打死；日子不好过的时候，他担心食物不够吃；他怕死了之后会进地狱；他怕一个名叫山姆·怀特的男孩会割下他的两只大耳朵；他怕女孩子在他脱帽向她们鞠躬的时候取笑他；他怕将来没一个女孩子肯嫁给他；他还为结婚之后他该对太太说的第一句话是什么而忧虑；他想象他们会在一间乡下的教堂里结婚，坐着一辆上面垂着流苏的马车回到农庄……可是在回农庄的路上，他怎么才能够一直不停地跟她谈话呢？他该怎么办呢？他犁田的时候，常常花几小时想这些问题。

日子一年年过去，他渐渐发现，他所担心的事情有 99% 根本就不会发生。

在现实生活中，总是会有人被各式各样的忧虑困扰，以至于无法静下心来做事情。他们在小时候担忧自己被遗弃，上学后担忧自己完不成学业，大学毕业后担忧自己找不到工作，中年时担忧孩子无法健康成长，老年时担忧身体患上重病。看起来，他们好像每天都有事情需要担忧，而这样的过度担忧让他们无法感受到生活的乐趣，更无法触及成功的快乐。

在新墨西哥州，卡尔和他的好朋友开车去卡尔斯巴德洞窟，经过一条土路时，碰到一场很可怕的暴风雨。

汽车一直下滑，没办法控制，卡尔害怕汽车会滑到路边的沟里，所以紧张得不行。

可是司机一直不停地对卡尔说："我现在开得很慢，汽车滑进沟里的可能性不大。即使汽车滑进沟里，根据统计数据，我们受伤的概率也很小。"

经司机这么一说，卡尔的心立即平静下来。

美国海军也常用概率统计数字鼓舞士气。一个以前当海军的人说，当他和船上的伙伴被派到一艘油轮的时候，他们都吓坏了。这艘油轮运的都是高辛烷值汽油，他们担心这艘油轮被鱼雷击中就会爆炸，并把每个人送上西天。

可是美国海军有他们的办法。海军总部发布了一些十分精确的统计数字，指出被鱼雷击中的100艘油轮里有60艘并没有沉到海里，而真正沉下去的40艘里只有5艘在不到5分钟的时间里沉没。这意味着，有足够的时间让你跳下船——也就是说，死在船上的概率非常小。这说明什么呢？说明士兵们所担心的"油轮被鱼雷击中就会爆炸，并把每个人送上西天"发生的可能性很小。

这样对士气有没有帮助呢？一个士兵说："知道这些概率数字之后，我的忧虑一扫而光。"

想要摆脱忧虑的困扰，你就必须明白，只有今天才是握在你我手中的真实存在，别让逝去的昨天与尚未到来的明天占据你的思想，让自己学会活在当下，专心处理手边的事情，才能够确保人生的航船安全而又快速地驶达彼岸。

> **哈佛人生智慧**
>
> 在哈佛幸福课上，有这样一句话广为传诵：何必因为痛苦的过去而影响此刻的心情，何必为莫名的忧虑而惶惶不可终日。过去的总会过去，该来的总会到来。这句话在一定程度上显示出哈佛在对待人生态度上的明智性：看重当下，不为过去悔恨，更不为未来担忧。

6. 与其后悔，不如着手弥补

40岁那年，托马斯·卡莱尔在穷尽前半生的心血之后，终于完成自己的第一部书稿。他迫不及待地将这本书稿交给自己的好朋友——早已声名远扬的经济学家与哲学家约翰·斯图亚特·穆勒，请他担任自己的第一位读者。

穆勒为了不辜负朋友的重托，推掉所有的事务，将自己关在安静的书房中，花费整整四天的时间，将全书一字不漏地仔细阅读。随着阅读的不断深入，穆勒越来越感受到，这是一本了不起的著作。将最后一页读完后，按捺不住内心激动的穆勒将书稿放在椅子上，走出书房，来到小花园，思考着应该如何最大限度地利用自己的影响力，令这本伟大的著作尽快得到外界的关注。

然而，此时灾难降临了。当穆勒离开书房后，恰好一阵寒风吹来，桌上的书稿被吹落一地，前来送甜点的女佣看到散落一地的书稿，误认为是主人丢弃不用的废纸，于是便将它们收拾干净，并顺手扔到火炉中。

当穆勒知道书稿被烧后，几乎要晕厥过去。怀着巨大的痛苦与内疚，他来到卡莱尔的家里，并将这个难以启齿的不幸消息告诉卡莱尔，卡莱尔一下子惊呆了。在很长一段时间里，两个人都没有说话。

后来，卡莱尔回忆起当时的情形时说："我清晰地记得那一天，穆勒如同一个鬼魂，面色惨白的他惶恐得几乎无法站立，他的痛苦如此强烈，使我认为我必须要反过来对他进行安慰。"最终，从震惊中清醒过来的卡莱尔对愧疚难当的好友说道："好了，我的朋友，你不需要这么痛苦，我已经决定，我将重写这本书。"

但重写谈何容易？对一个作家而言，将一部已经完成的著作靠记忆重写一遍，比另起炉灶新写一本书更为吃力和痛苦。但卡莱尔最终顶住巨大的精神煎熬，以罕见的毅力在数月后重新完成了这部书稿。

当得知卡莱尔将书稿重新完成，穆勒的喜悦甚至超过卡莱尔本人：他终于能够走出痛苦与内疚了！他欣喜地问道："我完全可以想象出这项工作有多么艰巨，但是我想知道的是，你的动力来自何方？"

卡莱尔说："我的朋友，我们无法改变既定事实，却有能力改变既定事实对我们生活产生的影响。"

所有的智者都认同这样的看法：着手挽救要比后悔强得多。在哈佛商学院，为培养出顶尖的商界精英，老师会尽量对学生们的决策能力进行训练，让他们在多项选择中做出最明智的决策。但是，当学子们做出错误的决策时，老师并不会让他们过多地去计算决策所造成的损失，而是在总结教训以后及时引导他们走出失败，再次参与决策过程。老师这样做的原因很简单：与其后悔，不如着手弥补。

LESSON 9
掌控情绪,做思想的主人

一位心理学教师在给他的学生上课的时候,拿出一只十分精致的咖啡杯。正当学生们对这个杯子的靓丽外形赞不绝口的时候,这位教师故意失手,咖啡杯掉到地板上摔成了碎片。一时间,学生们蒙了,继而对破碎的咖啡杯表示出十二分的惋惜。这时,心理学教师指着咖啡杯的碎片对学生们说:"虽然这只杯子被打碎令我们感到惋惜,可是惋惜又有什么用呢?它也无法使咖啡杯再恢复原样。所以,无论你们今后的生活中发生什么无可挽回的事,都请记住这只破碎的咖啡杯吧!"

当因为一些错误的抉择而陷入后悔时,你最应该避免的是那种"如果不做就好了"的想法。要知道,没有做往往比做了但做错了更令人后悔。你应该明白的是,在一段时间内,这种后悔所带来的痛苦将会持续困扰你。同时,你也应意识到,如何让自己挽救错误、避免类似错误发生是你日后减少此类后悔情绪的关键。

哈佛人生智慧

哈佛心理学专家认为,后悔本身带来的痛苦远比错误事件引发的损失更为严重。后悔往往发生于做错事情以后,由于无法放下过往的错误,人们会过度自责、不安,并让自己陷入痛苦之中。若无法及时从后悔事件中走出来,便会在痛苦中陷入情绪的恶性循环。所以,一旦做错事,不要把时间浪费在后悔上,赶快着手弥补吧!

7. 抱怨只会让生活更加糟糕

艾森豪威尔将军年轻的时候特别喜欢玩纸牌游戏。一次晚饭后，他跟家人一起玩纸牌游戏，连续几次他都抓了很糟糕的牌，于是他变得很不高兴，不停地抱怨。他的母亲放下手中的纸牌，严肃地对他说："如果你要玩，就必须用手中的牌玩下去，不管那些牌的好与坏。"

艾森豪威尔一愣，用委屈的眼神看着母亲，心想："你的牌好，所以你才不抱怨。"母亲似乎看出了他的想法，又耐心地对他说："人生也是如此，发牌的是上帝，不管是怎样的牌你都必须拿着，你能做的就是尽全力求得最好的结果。"

艾森豪威尔听懂了母亲的话，并在心里一直牢记这句话。很多年过去，他从未再对生活有任何抱怨。相反，他总是以积极乐观的态度迎接生命中的每一次挑战，尽力做好每一件事。

就这样，他从一个普普通通的家庭走出去，一步一步地成为中校、盟军统帅，最终成为美国历史上第34任总统。

很多困境其实是我们自己造成的，心理学上的"磁场定律"明确指出，抱怨会带来不好的磁场。因为你将注意力全部集中于某件不喜欢的事情或者某个讨厌的人身上时，就会发现越来越多可以被抱怨的东西，结果就是让自己变得不快乐。反之，不怨天尤人，就会发现这个事情也有可爱之处，而所厌恶的那个人也有闪光之处。

美国史上著名的心灵导师之一威尔·鲍温经常听到周围的人在抱

LESSON 9
掌控情绪，做思想的主人

怨，有人抱怨天气，有人抱怨工作，有人抱怨物价上涨，有人抱怨孩子调皮……各种各样的抱怨声充斥身边，他认为是时候发动一场"不抱怨运动"了。

不到一年时间，威尔·鲍温在全世界80多个国家招募了600万名志愿者参与这项活动。活动的内容就是每个人在自己的左手腕上戴上一条紫手环，当你抱怨的时候，就将紫手环戴到右手腕上，当你再次抱怨时，再将手环戴回到左手腕上，以此类推。只有紫手环在同一只手腕上连续21天不被更换时，活动才算成功结束。

威尔·鲍温称："当你成功地结束这项活动时，会惊奇地发现，自己已经养成不抱怨的好习惯。这个时候，你的思维开始改变，恭喜你，可以用心、认真地打造自己的生活了。"

美国作家道格拉斯·勒尔顿著有《不抱怨的世界》一书，其中提到"生活是不公平的，你要去适应它"。一个用抱怨的态度面对生活和工作的人忽略了积极的重要性。要想改变眼前的境遇，没有什么比积极更有效果。成功只会垂青积极主动的人。只要不抱怨，将消极的念头从心中清除干净，你便会发现，原来抱怨的种种只不过是小事一桩。

哈佛人生智慧

在哈佛大学幸福课中，泰勒·本-沙哈尔博士告诉学生："从现在起要停止抱怨，承担自己生活的责任。"抱怨不仅不能改变现实，反而会带来极大的破坏力，是一种消极负面的情绪，只有积极应对才是正确导向。让抱怨停止，被积极行动代替，当你发现将时间和精力都付诸实际行动，也就意味着你与抱怨已经渐行渐远。

8. 摆脱厌倦，释放激情

有一次，美国的一位部长对比尔·盖茨说："我在参观微软时发现，每一个员工都非常努力且非常快乐。我想知道，您是如何打造这样的企业文化的？"比尔·盖茨笑着回答："因为我们雇用员工有一条准则，即这个员工必须对软件开发有着极大的激情。"

从中可以看出，微软成功的秘诀在于它的员工总是对工作饱含激情。美国著名思想家爱默生说："有史以来，没有任何一项伟大的事业不是因为热忱而成功的。"所以，激情是点燃成功的火把，要想获得成功，就必须全身心地投入工作，而这种投入有赖于发自内心的激情。

美国成功学大师拿破仑·希尔同样认为，激情是一种意识状态，能够鼓舞和激励一个人对自己的兴趣采取行动。就他个人而言，他的写作几乎都在晚上进行。有一天晚上，他不眠不休地工作了一整夜，因为太专注，竟没有注意到时间的流逝，当白日来临，还以为只过了一小时而已。于是他又继续工作了一天一夜，除中途停下来吃点清淡的食物外，他未做一分钟的休息。用他的话来说，激情让人不累、不饿、不困。所以，激情并不是一个空洞的名词，它是一种力量，一种让人连续工作一天两夜也丝毫感觉不到疲倦的力量。

另外，拿破仑·希尔每次评估一个人的时候，除考虑对方的才干和能力外，也非常看重一个人的激情。他认为，如果你有激情，就几乎所

LESSON 9
掌控情绪，做思想的主人

向无敌；如果你没有才干，但有激情，那么你还是可以使有才能的人聚集到你身边；如果你没有资金或设备，但能以激情说服别人，那么还是会有人对你伸出援手，帮你实现梦想。

你是否有一段时间对一切都失去兴趣？在那段时间里，不管休息多长时间，你总是会感觉到疲惫，平日里争强好胜的心早已不知去了哪里，你只想彻底逃离这种繁忙的生活。也许你还没有意识到，你已经进入心理疲劳期。

有位哲人曾言："倦怠乃人生大患，人们常叹人生短暂，其实人生悠长，只是由于不知时间用途而浪费时间才会失去人生。"心理疲劳是最浪费人生的一种不良情绪，它会让你对生活中的一切失去兴趣，并陷入不断的忧虑与莫名的悲伤中。

美国一个平凡的上班族麦克·英泰尔在37岁生日那天做了个疯狂的决定——放弃待遇优厚的记者工作，将身上仅剩的三块多美元捐给街角的一名流浪汉，只携带干净的内衣裤，从阳光明媚的加州出发，靠着陌生人的仁慈搭便车横跨整个美国。

这只是他精神快要崩溃时做的一个仓促决定。某个午后，他终于厌倦了在日复一日的重复工作中耗费青春。当他发现面对工作再也没有当初的激情，剩下的只有厌倦与不满时，终于决定要让自己放弃这样的生活。

一路上，他不断地回忆自己多年来的奋斗生活：入职以后，一直勤恳的付出让他获得了丰厚的回报，但是他从来没有过轻松的感觉，哪怕采访到整个美国最成功的大企业家或是最受欢迎的大明星时，他也毫无兴奋之感。他开始质疑自己：我到底是在为什么而活着？

在长达几个月的流浪生活中,他对自己的生活进行了彻底的反思,并最终在绕行美国一周再次返回加州时,重新获得了对生活的激情。几个月的时间里,他得到的不是目的,而是一个放松自我、反思人生的过程。

随后,麦克开始了另一种截然不同的生活方式——全身心地投入写作与旅行,因为这样的生活明显能让他更多地体会到快乐。

当出现沮丧压抑、学习效率低下、心烦意乱、头晕头痛等症状时,你便应该明白,自己已经处于心理疲劳状态。此时,你需要考虑的不再是如何改变自己的想法,或者再努力一把、奋力向前冲,而是最好暂时停下来,为自己留出一段彻底放松的时间。若心理疲劳已然发生,而休假却遥遥无期,不妨让自己试着忙里偷闲,偶尔请半天假,找个清幽的地方逛街或者想想事情,同样可以起到缓解心理疲劳的作用。

> **哈佛人生智慧**
>
> 哈佛大学医学家赫伯物·本林认为:"当一个人的身心过分紧张时,他的机体免疫能力便会被削弱。"心理疲劳是不知不觉间潜伏于人们身边的"隐性杀手",它不会在一朝一夕间置人于死地,而是如同慢性中毒一般,到了一定的时间、一定的疲劳程度以后才会引发疾病。因此,让自己处于过度的心理疲劳中无疑是在透支生命。

9. 恐惧只能征服弱者

英国有一位网球女明星在很小的时候经历了一次意外，她的妈妈在一次看牙医的过程中，因为心脏病突发死在了牙科的手术椅上。从此，这个阴影在她的心中被无限放大，她不知道怎样面对，也不知道怎样做心理调整，只是一味地回避，最终导致她看见牙医就发抖、害怕。

当她成名以后，有一天牙疼得实在受不了，家人便劝她将牙医请到家里来，并告诉她某位医术高明的私人医生可以绝对保障她的安全。网球明星想了想，同意了。结果，当牙医来到她家，将所有的手术器械都拿出来，还在准备的时候，她突然死去了。

结果是不是很戏剧化？为了逃避从前的阴影，这位网球名星在还没有面对困难的时候就突然结束了生命。当时，伦敦的报纸这样评论这件事：她是被自己40年来的一个念头杀死的。

恐惧是人性的特点，它让我们不会走到行驶的汽车面前，而且可以触发我们"或战、或逃"的反应。因此，我们不会陷入险恶的境地。然而，作为独立的个人，我们必须意识到的是：恐惧会让我们停下探索的脚步，也会让我们身陷险境。

尼里是一家铁路公司的调车人员，平日里他工作认真，做事也总是尽职尽责。但是他有一个最大的缺点：总是对人生过度悲观，经常以否定的眼光看待这个世界。

有一天，铁路公司的职员们赶着到老板家里去庆贺老板的生日。大家都提早急急忙忙地走了，不巧的是，尼里竟然不小心被关在一辆火车的冰柜里。

尼里在冰柜里拼命地叫喊着、敲打着，但是，全公司的人早已走光，根本没有人听到他的呼喊声。他的手掌敲得红肿，喉咙也变得沙哑起来，但是没有人回应他。当尼里意识到这一点之后，只能绝望地坐在地上大口地喘息。

他越想越感觉可怕，平日里火车冰柜的温度保持在零下20摄氏度以下，若自己不能及时出去的话，一定会被冻死的！当感觉到体温不断下降时，他慢慢地绝望了，并使用发抖的双手环抱着自己的肩膀，在黑暗中哭泣着、颤抖着。

第二天早上，公司职员们陆续来上班。当他们打开冰柜时，惊讶地发现尼里在里面蜷缩成一团，身体坚硬得怎么也无法掰开。人们急忙将可怜的尼里送到医院急救，但是他早已没有任何生命体征。

所有人都非常惊讶：在火车停止行驶以后，由于需要检修，冰柜的冷冻开关早已被全面关闭，这间巨大的冰柜中也有充足的氧气，而尼里竟然被活活"冻"死了！

尼里并非死于冰柜的温度，而是死于自己内心的冰点。他根本不相信这个轻易不会停止工作的冰柜会不制冷，他的不敢相信让他连试着活下去的念头都没有。

毕业于哈佛大学的美国第32任总统富兰克林·罗斯福说："我们唯一需要恐惧的就是恐惧本身。"他的妻子埃莉诺同样认为恐惧是人类最大的弱点，她将注意力放在更注重实际的挑战上："每天做一件让自己感到害怕的事。"其实，很多情况下，恐惧仅仅会在弱者身上产生作用。因为对自己不抱信心，不敢相信自己有战胜恐惧的能力，弱者对未知事物的恐惧变成了严重的问题。

恐惧是一种人类的弱点，这种弱点很难避免。对黑暗的恐惧、对未来的恐惧、对人际关系的恐惧……强者之所以能够做到不恐惧，只是因为他们可以克服恐惧带来的种种负面影响，并不意味着他们无所畏惧。过分计较恐惧会使你的情况变得更加糟糕，正确认识恐惧，你才有机会、有勇气去面对它。

哈佛人生智慧

哈佛大学有这样一句励志名言：不要因为恐惧而犹豫，前进有时候是消除恐惧的最好方法。学会正视、清除我们的恐惧吧！唯有如此，我们才能在生命的乐园中获得自己所需要的东西。

LESSON 10

幸福还是不幸，要看你的悟性

　　哈佛学子、中国著名文学家林语堂曾经如此评价人生："幸与不幸之间，只隔了一层薄纸，而你本身就是那层薄纸，你认为那是幸福，便是幸福；你认为那是不幸，便是不幸。"这位智者一语道出了看待生活的正确态度：在通往幸福的道路上，总会有荆棘与荒原，不经历千锤百炼的磨难，便不会有来日成功夺冠的辉煌与璀璨。

1. 拥有幸福感，才能乐享人生

一个悲伤绝望的妇人决定投河自杀，原因是她遭遇了许多不幸。先是结婚五年的丈夫弃她而去，紧接着她唯一的精神支柱——不到三岁的儿子也在一场意外中丧生。妇人不知道老天爷为何对她如此残忍，把她拥有的东西一样样地剥夺。她觉得继续活着再无意义，不如一死了之。

妇人刚投河，就被一位好心的老艄公救上岸。妇人哭着说，为什么连死的权利都要被剥夺？老艄公问她："看你年纪不大，人生之路还长着呢，怎么就选择轻生了呢？"于是妇人向他哭诉了自己的悲惨遭遇。

老艄公听了之后，沉默片刻问她："那么五年前的你生活得怎样呢？"妇人说："那时候当然不一样，因为我还没有结婚，没有丈夫和孩子，所以过着无忧无虑的生活。"于是老艄公对她说："如此来说，命运之神只不过把你又送回五年前而已。你现在的状态和那时差不多，一样没有丈夫和孩子，可以过无牵无挂的生活。"

妇人觉得老艄公的话有道理，决心从今以后快乐地生活。

从这个故事中我们不难看出，妇人最初的忧伤绝望是因为她纠结在自己的失去之物上。五年来，她把自己的幸福维系在丈夫和孩子身上，所以悲喜全由他们掌控。一旦家庭破碎，她便觉得失去了幸福的支撑，变成全天下最不幸的人，也因此而厌倦活着。

现实生活中，这样的人比比皆是，大家都是依托着某些精神支柱而开心着、烦恼着，想必这也是人们幸福指数越来越低的原因之一。其实，人的幸福感是一种内心的感受，如果我们总是把它同外在的因素联

LESSON 10
幸福还是不幸，要看你的悟性

系起来，那很不幸，你的幸福将掌握在别人的手里。所以，我们要培养一种健康积极的心态，理性地面对得失，把幸福掌握在自己手里。

有一个心烦意乱的人去拜访禅师。

他问禅师："我觉得我的命运糟透了，我真怀疑自己要这样活一辈子。请问真有命运吗？"

禅师说："命运是有的。"

那人立刻哭丧着脸。

这时，禅师叫他伸出左手，并把决定命运的线指给他看："你看，这条竖线是事业线，这条斜线是感情线，这条弯曲的线是生命线。"

末了，禅师又让他把左手慢慢握紧，然后问道："现在你觉得这几条线在哪里？"

那人不假思索地说："在我手里啊！"

禅师说："对了，命运永远掌握在自己手里。所以，静下心来，好好调整你的情绪和心态吧！"

那人一听恍然大悟，谢了禅师，高兴地回去了。

我们总是询问谁在左右我们的命运，殊不知命运一直掌握在自己手里。倘若一个人永远随着阴晴圆缺、悲欢离合来决定自己的言语和行为，那么他将永远没有我。日本著名管理大师安冈正笃说："心态变则意识变，意识变则行为变，行为变则性格变，性格变则命运变，也就是说，心态决定我们的命运。"所以，看待万事万物的心态直接影响你人生的质量，影响你的幸福指数。与其在人生的沉浮中大悲大喜、大哭大笑，不如静下心来，好好反思自己对待工作、生活及世事的心态，及时调适心态，让心理回归健康与阳光。

> **哈佛人生智慧**
>
> 人人都渴望幸福，人人都希望得到幸福，而幸福的关键就在于你的心态。在这纷繁复杂的人生旅途中，停下脚步，静下心来，调适好心态再从容启程，相信你一定能走出一片崭新的天地。

2. 感恩别人，幸福的是你自己

在《哈佛教授与女儿的对话》一书中，有这样一段对话：

女儿问："一句'谢谢'有那么重要吗？"

教授回答说："常怀感恩之心，人就会变得善良、自信、快乐。"

毫无疑问，善良、自信和快乐是我们多数人追求的目标，因为这些是最能给我们带来幸福感的情绪体验。常怀感恩之心，你便是一个知恩图报的人，一个雍容大度的人，一个充满爱与关怀的人。这样的你总是对别人、对生活少一份挑剔，多一份包容；总是聚集着满满的正能量，永远积极地生活。怀抱感恩之情的你即使身份是卑微的，那颗感恩的心也永远是高贵的。

感恩节是一个古老的节日，来自一个关于感恩的故事。

1620年，一些饱受宗教迫害的清教徒乘坐"五月花"号木制帆船去北美新大陆寻求宗教自由。在海上经历两个月的颠簸后，他们终于在酷寒的11月在现在马萨诸塞州的普利茅斯登陆。第一个冬天里，一半以上的清教徒死于饥饿和传染病，而那些侥幸活下来的人生活得也十分艰难。他们在

LESSON 10
幸福还是不幸，要看你的悟性

来年的春季开始播种，为了能够生存下去，整个夏天他们都在祈求上帝的保佑，希望盼来一个丰收的季节，否则他们只能接受死亡的结局。

在这生死攸关的时刻，当地的印第安人为他们送去水和食物，并帮助他们建立家园。在印第安人的帮助下，清教徒当年获得了大丰收。于是，美国的感恩节诞生了。在这一天，具有各种宗教信仰和身份背景的美国人一起为他们一年来所受到的恩典表示感谢，并虔诚地祈祷上帝能继续赐福于世。

感恩是一种自觉行为，它出自行为人的谦卑和爱心。一个懂得感恩的人不但拥有无上的爱心，更懂得珍惜自己所拥有的东西。可生活中有很多人总是抱怨命运的不公，觉得自己比别人拥有得少。一个人如果不懂得感恩已有的事物，那么他很难获得更多，因为再多的拥有都不能让他感到满足和幸福。即使物质再丰富，他的思想也永远是贫瘠的，他的幸福感也是极低的。

有一次，美国前总统罗斯福家里被盗，丢了很多东西。他的一位朋友听说后，赶忙去信安慰他，劝他不必太在意。罗斯福很快给朋友回了信，信中写道："亲爱的朋友，感谢你来信安慰我，现在的我无恙。我不生气，反而很感激上帝：一是盗贼只偷走了我的东西，而没有伤害我的身体；二是盗贼只偷走了我的部分东西，而不是全部；三是让我最感庆幸的，做贼的是他而不是我。"

相信很少有人拥有罗斯福一样的度量，因为对任何人来说，失窃都是一件很不幸的事。可是，罗斯福却能在这个看似不幸的事情中感受到值得庆幸的方面。正因为他有着这样的博大胸襟，才会在宽恕和感恩中让心灵免受创伤。

感恩是人生的大智慧。怀抱感恩之心，才能轻易而持久地获得幸福。这何尝不是一种处世哲学？让我们学会感恩，让幸福常驻心中。

哈佛人生智慧

哈佛大学教授常会教育学生："只有心怀感恩的人，才能视万物为恩赐。"一个懂得感恩的人必定是一个胸怀博大的人，他们不但会因为一颗感恩的心而得到爱的回报，还会因为心怀感恩而充满幸福感。感恩别人，也是救赎自己。当心中总是充满爱和阳光，你一定是幸福的。

3. 不要总羡慕别人，做好你自己

《哈佛教授与女儿的对话》中有这样一段对白：

女儿说："如果有重新选择的机会，我宁愿做一只小鸟，每天自由自在地飞翔。"

教授说："别人的生活就如远处的风景，远望虽好，近看却未必完美。"

生活中，我们总是羡慕别人，这似乎是人类的一种共性。羡慕别人的家境、羡慕别人的工作、羡慕别人的新房……羡慕是一种追求美好的表现，羡慕别人是因为我们都期待完美，希望可以活得像别人一样好。可是，正如松下幸之助所说："我们不必羡慕他人的才能，也无须悲叹

LESSON 10
幸福还是不幸,要看你的悟性

自己的平庸,每个人都有自己独有的魅力。最重要的是认识自己的特点和魅力,并加以发展。"

其实,每个人来到这个世界都有其独立存在的价值,世上根本找不出完全相同的两个人。所以,不要只顾着羡慕别人,说不定你也是别人眼中羡慕的对象。过度羡慕别人反而会失去自我。"羡慕是个十字路口,向左通往欣赏,向右则通往妒忌。"适度羡慕会激发你的进取之心,而羡慕一旦过度会令你心性改变、迷失自我,这是极不可取的。与其羡慕别人的好运,不如学习别人努力的精神,让自己朝更好的方向发展,这样才能充分发挥适度羡慕的积极作用。

一天,一名弟子请教庄子。

弟子问:"老师,我最近遇到一件苦恼的事。"

庄子问:"是什么事情让你苦恼呢?"

弟子愁眉苦脸地说:"我发现自己的记忆力太差了,因为同桌每天记住的知识比我多多了。我十分羡慕他,却不知道怎样才能提高自己的记忆力,变得像他那样。"

庄子听了笑了笑,却没有正面回答,而是给弟子讲了这么一个故事:

在远古时期,有一种动物叫独脚兽。一天,它在路上碰见了多足虫,发现多足虫有许多脚,便问:"多足虫先生,你看我天生只有一只脚,只要跳跃行走就可以,还能走得很快,你有那么多只脚,数都数不清,走起路来不麻烦吗?得多不方便啊?"

多足虫笑着回答它说:"你的理解是不对的。你看天上下的雨有大有小,最后不都一样落在地上吗?所以,即使我生有一万只脚,但是我顺其自然而行走,并不会有什么不便啊。"

后来,多足虫遇到蛇。它看到蛇没有脚,却比自己走得还快,便疑惑地问道:"我有这么多只脚,你却连一只都没有,为什么反而比我走得还快呢?"

蛇笑着回答它说:"因为我有强有力的腹部肌肉,它可以带动腹部的鳞片行走,我天生就是这样的行走方式,哪里还需要脚呢?"

不久,蛇遇到了风。它看到风的行动比自己快多了,便不解地说:"多足虫有那么多只脚,却不如没有脚的我走得快。你和我一样也没有脚,为什么却比我快那么多呢?你一声呼啸,就能从遥远的北海到这里,再呼啸一声,又可以到达南海。我真是不明白呢!"

风回答说:"是啊,我的确是飞速的,而且折断大树这种事情也只有我才能做到。可是,普通人用手戳我、用脚踢我,我也无法还击。所以,我虽然有自己的强项,可也有别人能够察觉到的弱点。就像你羡慕我的速度一样,我同样也羡慕你拥有的形体啊!"

故事讲完了,庄子对弟子说:"我们每个人都可以是独脚兽、多足虫、蛇或者风,都有自己的长处和不足。所以,何必苦恼,首先做好你自己吧!"

从此,弟子再也不为自己的记忆力不如别人而苦恼,而是凭借自己的勤奋成为一位博学的人。

"临渊羡鱼,不如退而结网。"与其花时间羡慕别人,不如把功夫用在完善自己身上。每个人所拥有的条件都是自己特有的,适合别人的未必适合你。你要知道,你只看到了别人的风光,而他的努力你永远看不到;你只看到了别人的成功,而他成功背后的辛酸你也看不到。倘若你肯付出努力,一样能得到相应的回报。所以,不要总羡慕别人,想要过怎样的生活就自己去创造。

LESSON 10
幸福还是不幸，要看你的悟性

> **哈佛人生智慧**
>
> 不要羡慕邻居的篱笆更绿，或许他们的荆棘多于青草。很多时候，我们羡慕别人喝着各式各样的咖啡饮料，觉得很高雅、很幸福，而自己却只能喝白开水。其实我们不知道，那些饮料都不如白开水解渴。所以，享受属于自己的淳朴幸福未尝不好！

4. 理想不丰满，幸福便骨感

布罗迪是一位年老的英国教师。有一次，他在整理阁楼旧物的时候，无意中发现了一摞作文本，那是他曾任教的皮特金幼儿园B(2)班30多个孩子的春季作文，题目是：未来我是____。

布罗迪原以为这些东西早在德军空袭伦敦时就在学校里被炸飞了，没想到它们竟安然地躺在自己家里，并且一躺就是50年。

于是布罗迪顺手翻了几本，很快就被孩子们千奇百怪的自我设计迷住了。

比如，一个叫彼得的孩子说，未来的他将是个海军大臣，因为有一次，在海中游泳的他连喝很多口海水都没被淹死。

另外一个叫比尔的孩子说，将来自己必定是法国总统，因为他对法国有天生的亲近感，能背出25个法国城市的名字，而与他同班的孩子最多只能背出7个。

最令布罗迪称奇的是一个叫戴维的小盲童，他认为将来的自己一定是英国的一名内阁大臣，而在英国，还从来没有一个盲人能进入内阁……

总之，30多个小朋友都极尽所想：有当驯狗师的，有当海员的，有当作家的……都是些五花八门的奇思妙想。

当布罗迪一本本地读着这些孩子的"理想设计"，突然有一种冲动，他想：何不把这些本子重新发到孩子们手中呢？不管今天的他们是怎样的，至少可以让他们重温一下50年前自己的理想。

后来，布罗迪的想法被当地一家报社获悉，报社免费为他发了一则启事，号召这些孩子来认领他们的"设计"。启事一出，没过几天便有书信向布罗迪飞来，他们中有的是商人，有的是学者或政府官员，但更多的只是普通人。不管身份如何，他们都急切地想知道自己儿时的梦想，因此很高兴能得到那本作文本。而布罗迪按照他们提供的地址一一把作文本寄出去。

可是过了整整一年，还有一本作文本无人索要。它的主人就是那个叫戴维的孩子。布罗迪想，毕竟50年过去了，也许当年的这个孩子已经不幸离开人世。

就在布罗迪准备把这本作文本送给一家私人收藏馆时，他收到了一封来自内阁教育大臣布伦克特的信。布伦克特在信中说，他就是那个叫戴维的孩子。他说："感谢你还为我们保存儿时的梦想，不过我现在已经不需要那个本子了，因为从我写下那个梦想开始，它就一直在我的脑子里，我没有一天放弃过。50年后的今天，我很庆幸自己实现了这个梦想。今天我还想通过这封信告诉我当年的同学们：只要不丢弃你的梦想，成功总有一天会降临。"

布伦克特的这封信后来被发表在英国《太阳报》上，作为第一位进入英国内阁的盲人大臣，他用自己的行动证明了一个真理：只要你不抛弃理想，理想也不会抛弃你。

LESSON 10
幸福还是不幸，要看你的悟性

布伦克特的故事深深地启迪我们：理想为你提供改变命运的机会，理想为你提供实现生命价值的动力，理想也是一条最能给你带来幸福感的途径。试想，当你出身卑微，当你穷困潦倒，当你仕途迷茫，当你处于人生低谷的时候，最能给你动力、让你奋发的不正是理想吗？所以，假使现在的你还没有理想，还在人生的十字路口徘徊，请赶快设计自己的理想；假使你拥有理想，却尚未实现的话，请不要放弃，一定要坚持去实现它；假使你已经实现自己的理想，那么在恭喜你的同时，也提醒你要好好珍惜理想给你的机会。

在制定理想、设定目标计划之前，我们一定要清楚，理想是基于现实之上的，我们制定的目标一定要切实可行。其次，实现目标的过程不可能是一帆风顺的，所以我们不能知难而退，而要坚持不懈。

如果没有理想、没有目标，你的幸福则无从谈起；如果只有理想却不去实现它，你也无法幸福；唯有拥有理想，并一步一步努力去实现它，你的人生才是圆满和幸福的。所以，不要疏于经营自己的理想，一旦理想"瘦"了，你的幸福也无法"丰满"。

哈佛人生智慧

人类最可贵的财富是希望，希望减轻了我们的苦恼，为我们描绘出人生的远景。理想就是希望，理想就是那个召唤我们不断努力的目标。理想是最公平的，不管你是贫穷还是富有，不管你是健康还是疾病，不管你是平民还是贵族，它都给你同等的机会。

5. 期望值太高，不容易收获幸福

李尔从小就开始学习弹钢琴，他最喜欢的音乐家是贝多芬，颇有天赋的他一直认为自己拥有贝多芬的才华，立誓要做"贝多芬第二"。然而，随着年龄的增长，李尔被发现患有弱听，但他不顾家人的劝阻，还是坚持学习钢琴，并且坚信自己就是贝多芬转世。所有人都由衷钦佩李尔的刻苦和创作才华，李尔却越来越不满足。听力有缺陷的他要比别人付出更加艰辛的努力，他越来越清楚地意识到自己和贝多芬之间的差距，于是陷入深深的痛苦之中。

其实，李尔已经做得很好，他遇到任何困难都不气馁，他的努力和才华受到周围人的一致肯定。然而，对自己过高的期待却成为李尔痛苦的源泉。曾经，这个期待激励着他前进，然而越来越强烈的期待成为一种对自我的折磨。

很多时候不是我们做得不够好，而是我们的期待太高。我们总认为自己高人一等，总认为自己拥有非凡的才华，总觉得我们应该比现在得到更多、应该比现在站得更高，永远不懂得满足，于是我们越来越痛苦，对自己越来越失望，仿佛无论如何努力都达不到心中的目标，仿佛自己所有的能力都被否定。

一位女大学生给远在家乡的母亲写了这样一封信："亲爱的妈妈，为了得到良心上的安宁，我鼓起勇气给您写这封信，因为我不想对您有任何隐瞒，也希望得到您的宽恕。入学不久，花光生活费的我就在同宿舍

LESSON 10
幸福还是不幸，要看你的悟性

同学那里偷了几千块钱，我用这些钱添置了一些衣服，还租了一辆摩托车。可不幸的是，我骑着摩托车没走多远就不小心撞上一棵大树，右脚被折断的我被一位好心的男同学送进医院。后来，在医院里，这个素不相识的男同学给了我无微不至的照顾。与他相处后不久，我便同意他的请求，做了他的女朋友，并答应和他住在一起。结果，霉运再次降临。不久我就发现自己怀孕了，而这个整天说爱我的男朋友却狠心地离我而去。亲爱的妈妈，现在我能依靠的人只有您和爸爸。我知道这一切都是我的错，但我还是想问一句，能不能让我和你们同住并生下这个孩子？"

女孩的母亲看到这里，又气恼又心痛又着急。她气恼的是女儿竟如此不争气，做出这样丢脸的事情；心痛的是女儿还小，又一个人在学校，经历这一连串的打击一定很难受；着急的是毕竟女儿还在念书，如果回家未婚生育，不知道会惹来多少白眼和闲言碎语。母亲捂住心口，强迫自己把信看完："亲爱的妈妈，原谅我吧，原谅我编造以上种种悲惨遭遇欺骗您。您大概很想知道我为什么要这么做。其实我只想告诉您，我上学期有两科考试不及格。"

这个故事可真是一波三折，我们不得不为信中女儿的"用心良苦"而感慨。至于她的做法是否妥当，我们暂且不究。但无法否认是，写信人的目的达到了。为了让母亲能够不那么激动和绝望地接受自己挂科的事实，女儿在信的前面编造了一系列让人更难以接受的劣迹作为让母亲坦然接受真相的铺垫。母亲在读信的前半部分的时候，已经把对女儿成才甚至优秀的期望值降到了最低，而当她最后知道真相比前面的不堪事件要好上很多倍的时候，她的第一反应一定不是失望，而是庆幸。这就证明，只要适当降低期望值，我们就不会因为希望落空而失望甚至绝望，也因此才更容易体会幸福的滋味。

> **哈佛人生智慧**
>
> 哈佛大学社会心理学教授丹尼尔·吉尔伯特认为，人们想象中的未来会与实际情况有一些偏差，期望过高必然会影响你的幸福感。对万事万物存有期待是一件再正常不过的事情。但是如果我们总是把期望值抬高，那么生活中一定不乏现实与期望之间的落差，我们会因为这些落差而备受打击，使原本在别人看来值得庆贺的事也不能让你感觉到明显的幸福感。

6. 理解幸福，才能邂逅幸福

在等待买面包的长队里，一位年轻的妇女苦恼地向同伴诉苦说："我快要被我的孩子们折磨疯了，他们真是世界上最可恶的孩子。不管我把房间整理得多么整齐，他们总会在最短的时间内把它翻个底朝天。我每天上班够累了，回到家里还要为他们洗衣做饭，可他们还不懂事，总是争吵，让我忙得团团转……天下没有我这么不幸的人了吧！"

"这样多幸福啊！我即使想像你那样烦恼，也是不可能的。我唯一的孩子在车祸中丧生了。"站在年轻妇女后面的一位中年妇女哀伤地接过她的话。顿时，队伍里一片静默。

什么叫甜蜜的负担呢？说的就是年轻妇女那样的烦恼。她看到的仅仅是孩子们给她制造的麻烦，忽略了拥有他们本身就是幸福。生活中，这样的例子比比皆是，身在福中不知福的人何其多呢！

幸福是什么？幸福在哪里？可能很多人会有这样的想法：幸福似

LESSON 10
幸福还是不幸，要看你的悟性

乎总在别人那里。其实，我们经常会和幸福相遇，却因为没有认出它而与之擦肩而过。

对一个常常牙痛难忍的人来说，牙齿健康不痛就是幸福，可是他偏偏在牙痛的时候还因为自己的牙不整齐、不洁白而怨声载道、耿耿于怀；对一个流落街头、食不果腹的乞丐来说，有个安身的地方、有口热饭吃就是幸福，可是他偏偏在饿着肚子四处躲雨的时候还做着开豪车住豪宅的美梦……对于上帝给每个人派去的幸福使者，很多人却视而不见，依然孤注一掷地寻觅着。

有一天，一只聪明的猎狗在森林里遍寻主人打下来的猎物，却意外发现藏在树丛中的一袋黄金。它立刻跑过去嗅了嗅，然后失望地想："我本以为是主人打下来的猎物呢，居然是这么个东西。不过，看起来金灿灿的倒挺不错，说不定主人会喜欢，我想我还是给他弄回去吧，说不定能讨赏几根骨头呢！"于是猎狗便叼着那袋黄金跑回了主人身边。

"呀，伙计，你可真聪明啊！"当主人看见口袋里金灿灿的黄金时两眼发直，兴奋地夸奖起猎狗，"为了奖赏你的功劳，我决定花一块黄金给你配一身最贵的行头！"猎狗一听，急了，忙恳求主人道："我不想要什么行头，如果您真的想要奖赏我，那就请每顿饭多给我几根骨头吧！"主人当然是爽快地答应了它的要求，于是猎狗每天都能享用更多的骨头。

虽然主人想要的是猎物，但显然黄金对他来说更有用，所以当他意外收获一袋黄金的时候，别提有多幸福了。虽然黄金很贵重，但是对猎狗来说毫无用处；也许最贵的行头会让它更神气，但对它来说，最实用的是骨头。所以，当主人愿意每天多给它几根骨头的时候，它幸福极了。

这个故事告诉我们，对幸福我们可以有成千上万种解释，但最正确的理解是，当恰好拥有最需要、最实用的东西时，你就是幸福的。而那些只是为了装饰我们生活的东西，如身份、地位，都不能给我们带来原始的满足感，反而助长了我们的虚荣心，使我们更不容易得到满足。我们总是抱怨得不到幸福，其实是因为我们把幸福神圣化、复杂化了，殊不知幸福有着最简单的含义。

既然幸福是如此简单的一件事，每个人应该都或多或少具备幸福的条件，也有最基本的感知幸福的能力，那么如何才能在邂逅幸福的时候把它认出来，并牢牢抓住呢？这就需要大家加强自己对幸福的敏感度。

不要再抱怨幸福没有来过，那只是因为你没有理解幸福，才会与之错过。当你懂得幸福的含义，便不会再把内心最需要的东西忽略。只在自己最需要时得到满足，那就是幸福的滋味。理解幸福，才会邂逅幸福。

哈佛人生智慧

哈佛大学心理学家泰勒·本－沙哈尔说："幸福不仅仅是对某种需要的满足，还是对某种需要的理解。"因为每个人对幸福的定义不一样，幸福在每个人身上的体现也不一样，所以我们要更用心地理解幸福、把握幸福。

7. 解开仇恨的死结，为灵魂松绑

电影《卢旺达饭店》中有这样一句台词："一旦报复与仇恨之火被点燃，便会毁灭一切。"人类原本是因爱而生的，却会在报复与仇恨的

> LESSON 10
> 幸福还是不幸，要看你的悟性

驱使下做出伤害他人、毁灭自己的残酷事情。画家的报复最终让自己陷入亲手掘下的精神炼狱。而这个故事告诉我们：若你总是无法忘怀他人给自己带来的伤害，并一味地沉沦其中，想尽一切办法去报复的话，最终只会让自己陷入痛苦而无法自拔。

艾伦5岁的时候，父母将她送给一户有钱人家。这让艾伦非常气愤，她常常问自己，父母为什么不抚养她，难道自己就那么令人讨厌吗？后来，她找到自己的亲生父母，发现他们当时很年轻，而且没有结婚，因为贫穷，他们居住在一间十分简陋的屋子里。

艾伦还是不理解父母为什么要抛弃自己，依然对父母怀恨在心。后来，艾伦的好朋友意外怀孕，因为害怕家人责备不得不将胎儿打掉。艾伦帮助好友渡过难关，渐渐地，她理解了父母的处境。父母太爱自己的孩子，在那种贫穷的环境下，孩子不送给别人就会被饿死。艾伦的同情心使她的仇恨情绪渐渐平息，她原谅了自己的亲生父母，并找到了自己作为一个坚强的人的价值。

艾伦的做法是正确的、明智的。因为我们宽恕了别人，同时也治愈了自身的创伤。持久的敌意是你在品尝生活时的一种苦涩，这种苦涩会直接影响你对周围的人或事的态度。一般而言，人不会在一夜之间变得对人生、对生活、对社会充满报复，这种敌意的产生往往是一个长期而隐蔽的过程。

报复与仇恨本身的意图是期望保护自我尊严、回击无理挑衅，但是过分的仇恨与报复往往会让人失去理智，无法看到世界的光明。在这样的情绪下，人们很可能会做出一些既伤害自己又有损他人的事情，而一直沉沦在报复与仇恨之中的人生也将毫无快乐可言。

> **哈佛人生智慧**
>
> 在哈佛,宽容与谦恭被称为是最有力的智慧。曾任哈佛大学校长的艾略特告诫学子们:"让仇恨的种子在内心生根发芽,便只能吞噬掉自己的快乐。"一个不肯宽容、总是执着于仇恨的人,其实就是在用他人的过错惩罚自己。原谅他人是善待自己的最好方法,因为释放了自己,你才能获得自由、幸福的心态。

8. 快乐之林越分享越茂盛

一天晚上,一个女孩发现朋友的QQ签名变成了"热恋中",这时她的男友恰巧给她发来温馨的"天气预报",更巧的是,当时电影《全球热恋》正在热播,于是这个女孩毫不犹豫地把自己的QQ签名改成"全球热恋"。不一会儿,问询的朋友纷至沓来,她便与他们分享了自己的喜悦。一夜之间,至少五个好友把自己的签名改成"全球热恋"。本来是一个人的高兴事却感染了很多人。不管那些被感染的人是否在恋爱,他们都会感觉到爱情的甜蜜。

快乐的感染力是惊人的,它甚至能以雷电之速四处散播,把一个人的快乐变为一群人的狂欢。为什么快乐会有如此强烈的感染力?原因很简单,快乐是每个人的精神需要。

日本设置了一个叫作"终身成就奖"的奖项,之前得这个奖的都是些社会精英,而有一年,政府却将它颁给了清水龟之助。清水龟之助是

LESSON 10
幸福还是不幸，要看你的悟性

什么大人物呢？不，他很平凡。他只是一名普普通通的邮差，一名日复一日快乐送信的邮差，一名在这个岗位干了25年的老邮差。当电视台的记者问他怎么会干着这么枯燥的工作还能这么开心时，他讲了这样一个故事："有个小孩随母亲去拜佛，孩子见一个老和尚在洗桃子，馋得厉害，不愿跟母亲回去。老和尚见状便挑了一个大桃子给他。这时，孩子的母亲阻止道：'不能给他，给了他，你就少吃一个。'老和尚笑着说：'我少吃一个有什么关系，至少多一个吃桃人的快乐啊，而且我也跟着多一份快乐。'从那以后，这个孩子就记住了老和尚的话，能让别人快乐，自己也会随之快乐。这个孩子就是我。"

快乐是我们生活中常见和常经历的一种情绪体验，不管一个人的经历有多坎坷，他的一生中一定尝过快乐的滋味。但是，我们大部分人会有这样的想法，即一个人的快乐只是他自己的事。他成功了，所以他快乐；他恋爱了，所以他快乐；他乔迁新居了，所以他快乐……而不知道，当他因成功而快乐的时候，他的家人和朋友也会跟着快乐；当他因恋爱而快乐的时候，他的父母、朋友和恋人也会因他的快乐而快乐；当他因入住新房而快乐的时候，他的家人、同事也会因他的乔迁之喜而快乐。可以肯定地说，没有任何人的快乐是只能独自享用的，"见者有份"对快乐来说才是最适用的。

哈佛大学教授尼古拉斯·克里斯塔基斯和加利福尼亚大学圣迭戈分校的教授詹姆斯·福勒共同完成了一个"快乐传染"的实验。他们发现，快乐情绪能够感染亲人、朋友、邻居和室友等。他们还算出，如果社交网络中有一个人感到快乐，其朋友和兄弟姐妹感到快乐的可能性会增加，其室友和邻居感到快乐的可能性也会增加。

同时，他们还证明，快乐通过人际传播最多能持续传播一年、影响三个社会圈子的成员。据推算，当某个群体中有一个人感到快乐时，他的快乐情绪感染给"朋友的朋友的朋友"的可能性为 5.6%。

生活中，如果无人分享你的快乐，那么你的快乐也是浅薄的。只有当快乐成为大众的，才实现了它真正的价值。每个人都希望自己过得快乐，但并不是每个人都会无时无刻找到快乐。所以，我们不如把快乐传递给别人，一传十、十传百，最后变成与世界同乐，这才是快乐最好的归宿。

哈佛人生智慧

哈佛大学教授尼古拉斯·克里斯塔基斯认为：分享快乐、传播快乐本身就是一种幸福。只要你有理解、宽容之心，那么快乐之林将越分享越繁盛。分享快乐，得到的是别人，收获的是自己；分享快乐，享受的是别人，领悟的是自己；分享快乐，感动的是别人，幸运的是自己。

图书在版编目（CIP）数据

哈佛人生智慧：案例实用版 / 穆臣刚著 . —北京：中国法制出版社，2019.5
ISBN 978 - 7 - 5216 - 0239 - 5

Ⅰ.①哈… Ⅱ.①穆… Ⅲ.①成功心理 - 通俗读物
Ⅳ.①B848.4 - 49

中国版本图书馆 CIP 数据核字（2019）第 091082 号

策划编辑：杨　智（yangzhibnulaw@126.com）
责任编辑：杨　智　冯　运　　　　　　　　　　封面设计：周黎明

哈佛人生智慧：案例实用版
HAFO RENSHENG ZHIHUI：ANLI SHIYONGBAN

著者/穆臣刚
经销/新华书店
印刷/三河市国英印务有限公司
开本/710 毫米×1000 毫米　16 开　　　　　　　印张/14　字数/116 千
版次/2019 年 5 月第 1 版　　　　　　　　　　　2019 年 5 月第 1 次印刷
中国法制出版社出版
书号 ISBN 978 - 7 - 5216 - 0239 - 5　　　　　　　定价：39.80 元

北京西单横二条 2 号
邮政编码 100031　　　　　　　　　　　　　　　传真：010 - 66031119
网址：http：//www.zgfzs.com　　　　　　　　编辑部电话：010 - 66034985
市场营销部电话：010 - 66033393　　　　　　　邮购部电话：010 - 66033288

（如有印装质量问题，请与本社印务部联系调换。电话：010 - 66032926）